高等职业院校机电类在线开放课程
省级"十三五"新形态教材
国家工信部培训项目参考教材

U0645247

单片机应用技术

主　编　何　琪　徐　鹏
参　编　李　旭　毛攀峰　应泽光

哈爾濱工程大學出版社
Harbin Engineering University Press

内容简介

本书以 51 单片机为载体,摒弃传统的汇编语言,采用 C 语言实现单片机的各种功能。本书跳出常用的教学模式,以兴趣导向为主,采用"用什么学什么"的教学方式进行编排,使学习者更容易理解和接受。本书内容循序渐进,详尽阐述每个知识点,采用"三位一体"教学的目的,详尽介绍各类开发工具的安装和使用,为学生们进一步学好单片机做准备。

本书适用于单片机初学者、机电类专业学生、机电专业技术人员等。

图书在版编目(CIP)数据

单片机应用技术/何琪,徐鹏主编. —哈尔滨 :
哈尔滨工程大学出版社,2022.6(2024.6 重印)
ISBN 978 - 7 - 5661 - 3536 - 0

Ⅰ. ①单… Ⅱ. ①何… ②徐… Ⅲ. ①单片微型计算机 Ⅳ. ①TP368.1

中国版本图书馆 CIP 数据核字(2022)第 095151 号

单片机应用技术
DANPIANJI YINGYONG JISHU

选题策划	雷 霞	
责任编辑	马佳佳	
封面设计	李海波	

出版发行	哈尔滨工程大学出版社
社 址	哈尔滨市南岗区南通大街 145 号
邮政编码	150001
发行电话	0451 - 82519328
传 真	0451 - 82519699
经 销	新华书店
印 刷	哈尔滨午阳印刷有限公司
开 本	787mm × 1 092mm 1/16
印 张	12.25
字 数	295 千字
版 次	2022 年 6 月第 1 版
印 次	2024 年 6 月第 2 次印刷
定 价	35.00 元

http://www.hrbeupress.com
E - mail:heupress@ hrbeu.edu.cn

前　言

单片机发展已久,其性能不断提高,应用领域也越来越广,特别是近几年物联网技术的发展,对掌握电子行业人才的需要与日俱增。因此提高高职学生单片机开发和应用实践能力,是教育工作者进行单片机教学改革追逐的目标。

高职类单片机相关教材可分为两大类:一类基于传统的教学模式,该形式有利于教学内容的完整性和教学大纲的实施,但是内容过于偏重单片机内部结构和理论知识点,不利于学生最大限度地获取技能;另一类基于任务驱动的教学模式,该类教材改变传统的教学模式,但是在有限的课时内难于被完全掌握。

本书以 51 单片机为载体,摒弃传统的汇编语言,采用 C 语言实现单片机的各种功能。在内容上打破传统的编写顺序,采用"用什么学什么"的教学方式进行编排。本书特点如下:

(1)内容循序渐进。本书以兴趣为基础,各章节之间既紧密相连又各成一体。

(2)详尽阐述每个知识点。针对大多高职学生未系统学过 C 语言的实际情况,本书在编写过程中,采用"积少成多"的方式,在各章节中凸显出新的 C 语言知识点,承上启下,做到"学以致用",真正让学生掌握 C 语言知识,而不是干燥无味的理论知识点。

(3)采用"三位一体"教学方式进行编写。单片机作为专业必修课,具有一定的实用性和专业性,为更好地服务学生和电子兴趣爱好者,每章均配备同步学习的视频文件,以便巩固知识点。同时本书配有自主开发的学习板,真正做到"学做一体"。

(4)做到"课内课外"学习。本书以夯实基础、规范编程方式为主,注重软、硬件的紧密结合,学有余力的学生可以通过邮箱 624115461@ qq. com 获取 stm32 单片机相关资料,进一步提高以单片机为核心的电子产品的综合开发能力。

(5)详尽介绍各类开发工具的安装和使用。"工欲善其事,必先利其器",在本书中会详尽介绍各类开发工具的安装和使用,为学生们进一步学好单片机做准备。

由于编者水平有限,书中若有错误或者有不妥之处,恳请广大读者批评指正。

编　者

2022 年 3 月

目　　录

第0章 学前准备篇

在本课程学习之前,首先解答各位读者的疑惑:

1. 什么是单片机?

单片机(Single-chip Microcomputer)是一种集成电路芯片,是采用超大规模集成电路技术把具有数据处理能力的中央处理器(central processing unit, CPU)、随机存储器(random access memory, RAM)、只读存储器(read only memory, ROM)、多种 I/O 口和中断系统定时器/计数器等功能(可能还包括显示驱动电路脉宽调制电路、模拟多路转换器、A/D 转换器等电路)集成到一块硅片上构成的一个小而完善的微型计算机系统,在工业控制领域应用广泛。单片机种类众多,包括 STC89C52、AVR、PIC、ARM 等,本书中的单片机特指 STC89C52 单片机,俗称 51 单片机,该单片机是学习其他单片机的基础。单片机主要是通过指令控制单片机引脚输出高、低电平。

2. 学好单片机是否有"钱"途?

单片机作为电子相关类的专业必修课,重要意义不言而喻。特别是近几年物联网和人工智能(AI)的兴起,电子类人才更是急需,该行业的本质就是对各类"芯片"的控制,"芯片"即为更为复杂的单片机。在实际工作中,技术和工资成正比,因此必须要脚踏实地学习,真正掌握技术。

3. 本书有什么特点?

本书最大的特点是适合各类零基础读者阅读。市场上各类教材在内容编排上有所跳跃,特别是最后几章,为体现教材的完整性,内容编排上会显得比较"急",而且大多数教材侧重点也是过多讲解单片机内部结构,不是特别适合初学者,容易使读者对学习单片机失去信心。

本书除了介绍如何学好单片机外,更帮助读者厘清学好一门新领域课程的思路。正常学习单片机这门课程需要 C 语言和微机原理的基础,很多人在学习 C 语言不到一半的时候已经放弃,何况微机原理更是晦涩难懂,他们一听学单片机还要这两门课的基础,更是在情绪上有所恐慌。

本书跳出常用的教学编排模式,以兴趣导向为主,对各类小项目分别介绍,采用"用什么学什么"的教学方式。学完本课程以后,读者会发现"物超所值",无意中多学了一门语言——C 语言。至于单片机内部结构,用到的部分会有所涉及,关于具体的内部结构,有兴趣的读者可以自行深入学习!

本书属于基础篇,尽可能把每个知识点向读者阐述明白。基础尤为重要,有了这样的基础读者才会进一步去探索,很多人一开始热情饱满去学,却因为基础的不牢固导致半途而废。单片机的学习分为基础篇和提高篇,本书为基础篇内容,提高篇可通过邮箱

624115461@ qq. com 获取,同时也提供配套的单片机 PCB 文件。

4. 如何结合本书学好单片机?

本书从最简单的例子入门,每个项目都有"项目任务",将整个"项目任务"拆分成几个子项目,篇幅中的"相关知识点"都是围绕"设计实施"展开的。本书对程序中可能碰到的软、硬件知识点均做了详细讲解。读者不可忽略程序中的注释,一定要认真学习并思考,对本书中的代码一定要亲自敲一遍,再配合基础知识进行理解,在理解的基础上再敲几遍!

通过本书的学习未能充分理解的问题,可以通过下方二维码获取相关教学资源,或者通过邮件求取相应的资料。

海创电子工作室　　　　　　本书配套教学资源

第1章 单片机及相关软件的介绍

从本章开始,我们正式进入单片机的学习。关于单片机具体结构组成的资料已有很多,这里不做重复的阐述,本书将以与以往不同的教学方式带大家走进单片机的世界。在这里我们把单片机比作一台电脑,需要一种方式去控制这台电脑,这种方式就是C语言,那什么是C语言?它其实类似汉语、英语等,只是汉语、英语等用于人与人之间的交流,C语言用于人与机器的交流。大致就是这样,那么我们先从单片机入手……

【教学导航】

教	知识重点	1. 单片机的认识; 2. Keil 软件的安装和使用; 3. STC – ISP 软件的使用
	知识难点	1.51 单片机的基本组成; 2. 相关驱动软件的安装
	推荐教学方法	引入生活中常用的单片机实例,介绍单片机相关的开发工具和安装过程,烧录一个简单的 hex 文件
	思政教学	积极探索的工匠精神
	建议学时	4 ~ 5 课时
学	推荐学习方法	课前查阅51单片机相关资料,简单了解51单片机的工作原理,掌握 I/O 口的基本概念;了解 C 语言相关控制语句
	需掌握理论知识	1.51 单片机的基本概念; 2. Keil 软件的安装和使用
	需掌握基本技能	1. 简单程序的编写; 2. STC – ISP 烧录软件的使用
	技能目标	配置完单片机开发环境,会烧录 hex 文件

【基础知识】

1.1   单片机开发环境配置

1.1.1   单片机基本概念

1. 单片机的基本组成

单片机又称单片微控制器,类似于一台微型计算机,内部资源主要可分为 Flash、RAM、SFR。

Flash,俗称"闪存",用于存储程序,它的最大特点是断电后数据不会丢失,其存储特性相当于计算机的硬盘。

RAM,俗称"内存",主要用于存储短时间使用的程序,特点是断电后数据会丢失,但是读写速度非常快,其特性相当于计算机的内存。

SFR(special function register)是单片机中各功能部件对应的寄存器,用于存放相应功能部件的控制命令、状态或数据,可通过对 SFR 的读写来实现单片机的多种功能。

通常所说的 51 单片机,指的是兼容 Intel MCS – 51 体系架构的一系列单片机,51 是它的一个通俗的简称。全球有众多的半导体厂商推出了无数款这一系列的单片机,比如 Atmel 的 AT89C52、NXP(Philips)的 P89V51、宏晶科技的 STC89C52 等,具体型号千差万别,但它们的基本原理、操作以及程序开发环境是相同的。

本节选用 STC89C52 这款单片机来进行学习。STC89C52 是宏晶科技出品的一款 51 内核的单片机,具有标准的 51 体系结构和全部的 51 标准功能,程序下载方式简单,方便学习。它的 Flash 程序空间是 8 KB 字节(1 KB = 1 024 B),RAM 数据空间是 512 B。

2. 单片机引脚分布(位的概念)

如图 1.1 所示,MCS – 51 单片机共 40 个引脚,其中 P0 为准双向口,P1、P2、P3 为双向口。除了这 32 个引脚外,还有以下常用引脚。

EA:当引脚信号为高电平时,对 ROM 读操作从内部存储器开始;当引脚信号为低电平时,对 ROM 读操作从外部存储器开始。因此,一般情况下 EA 外接高电平。

RST:复位引脚。当输入的高电平信号持续两个机器周期以上时,实现单片机复位操作。

XTAL1 和 XTAL2:晶振信号引脚。外接石英晶振和微调电容,为单片机提供精准时钟,常用的晶振有 11.059 2 MHz 和 12 MHz。

VSS:用于接地线。

VCC:接电源,常用电压为 +5 V。

其中 RXD 和 TXD 为引脚的第二功能,用于接收和发送数据。

3. 单片机最小系统

使单片机能运行的最简配置叫作单片机最小系统,包括电源、晶振和复位电路,如图 1.2 所示。

图 1.1　MCS - 51 单片机引脚图

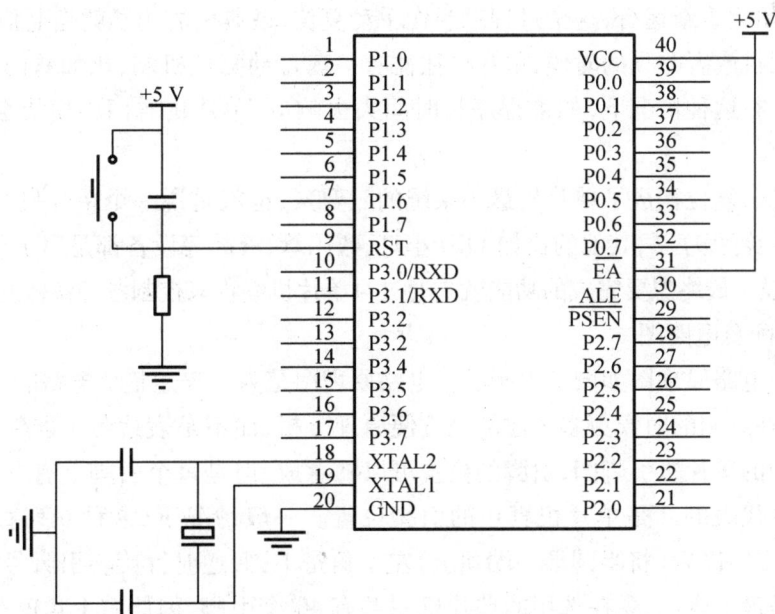

图 1.2　MCS - 51 单片机最小系统

（1）电源

目前主流单片机的电源有 5 V 和 3.3 V 这两个标准，当然现在还有对电压要求更低的单片机系统，一般多用在一些特定场合。

STC89C52 需要 5 V 的供电系统，开发板使用 USB 口输出的 5 V 直流电直接供电。从图 1.2 中可以看到，供电电路在 40 脚和 20 脚的位置上，40 脚接的是 + 5 V，通常也称为 VCC 或 VDD，代表的是电源正极，20 脚接的是 GND，代表的是电源负极。+ 5 V 和 GND 之间还有个电容。

（2）晶振

晶振又叫晶体振荡器,它的作用是为单片机系统提供基准时钟信号,单片机内部所有的工作都是以这个时钟信号为步调基准来进行工作的。STC89C52 单片机的 18 脚和 19 脚是晶振引脚,需要接一个 11.059 2 MHz（或 12 MHz）的晶振（每秒振荡 11 059 200 次）,外加两个 20 pF 的电容。电容的作用是帮助晶振起振,并维持振荡信号的稳定。

（3）复位电路

图 1.2 左侧是一个复位电路,接到了单片机 9 脚 RST（Reset）复位引脚上。单片机复位一般有 3 种情况:上电复位、手动复位、程序自动复位。

假设单片机程序有 200 行,当某一次运行到第 20 行的时候,突然断电,此时单片机内部有的区域数据会丢失,有的区域数据可能还没丢失。下次打开设备的时候,希望单片机能正常运行,所以上电后,单片机要进行一个内部的初始化过程,这个过程就可以理解为上电复位。上电复位保证单片机每次都从一个固定的相同的状态开始工作。这个过程跟打开电脑的过程是一致的。

当程序运行时,如果遭受到意外干扰而导致程序死机或者程序跑飞,可以按下复位按键,让程序初始化重新运行,这个过程就叫作手动复位,最典型的例子就是电脑的重启。

当程序死机或者跑飞的时候,单片机往往有一套自动复位机制,比如看门狗,具体应用以后再了解。在这种情况下,如果程序长时间失去响应,单片机看门狗模块会自动复位重启单片机。

电源、晶振、复位构成了单片机最小系统的三要素,也就是说一个单片机具备了这三个条件,就可以运行程序了,其他的比如 LED 小灯、数码管、液晶等设备都是属于单片机的外部设备,俗称外设。最终想要完成的功能就是通过对单片机编程来控制各种各样的外设功能。

（4）本书配套电路图

本书配套电路原理图如图 1.3 所示。电路原理图是为了表达整个电路的工作原理而存在,很多器件在绘制的时候更多考虑的是方便原理分析,而不是表达各个器件的实际位置。比如原理图中的单片机引脚图,引脚的位置可以随意放,但是每个引脚上有一个数字标号,这个数字标号代表的才是单片机真正的引脚位置。一般情况下,这种双列直插封装的芯片,在确定正方向以后（将半圆形一端朝上）左上角是 1 脚,逆时针旋转引脚号依次增加,一直到右上角是最大脚位,现在选用的单片机一共有 40 个引脚,因此右上角就是 40（在表示芯片的方框的内部）。一定要分清原理图引脚标号和实际引脚位置的区别。

1.1.2　Keil 软件和 STC – ISP 软件的介绍

1. Keil 软件

Keil 是美国 Keil Software 公司出品的 51 系列兼容单片机 C 语言软件开发系统,该软件是包括 C 编译器、宏汇编、链接器、库管理和一个功能强大的仿真调试器等在内的完整开发方案。在本书中用于程序的编译、调试等,经 Keil 编译后生成 HEX 文件,结合 STC – ISP 烧录软件,将 HEX 烧录到单片机中。

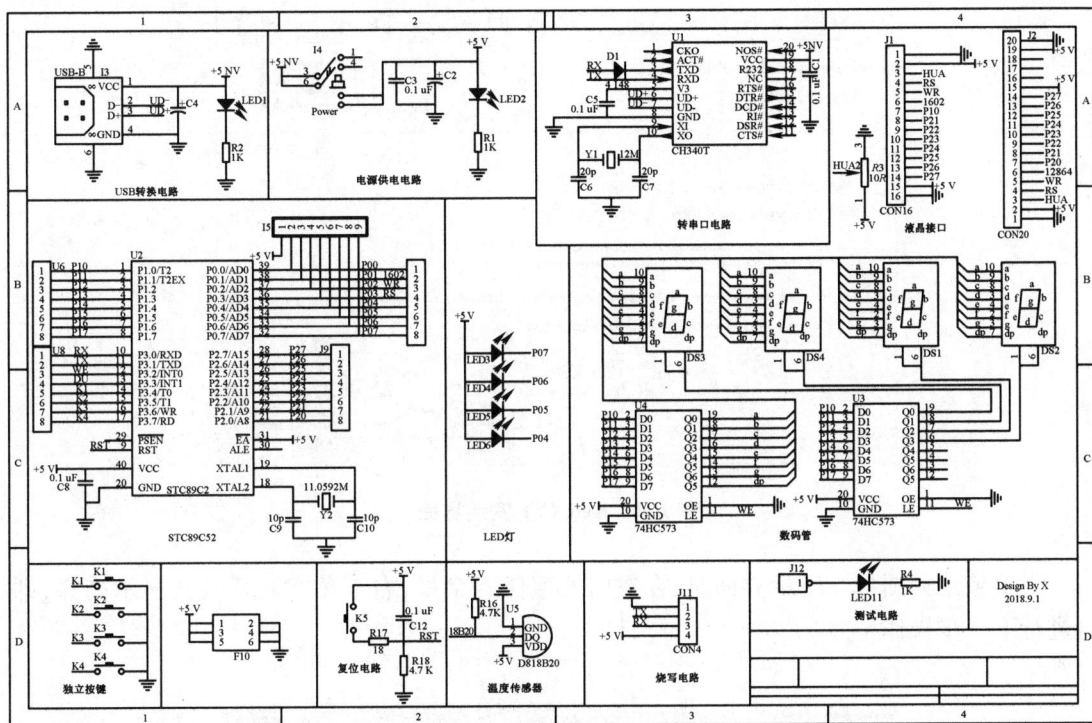

图1.3　本书配套电路原理图

　　Keil 软件版本众多,在本书中采用 Keil u4Vision4,也叫作 Keil C51,由于版权关系,该软件试用版最大能编译 4 KB 的 HEX 文件,有需要的读者可以到 Keil 官网购买正版软件。

　　2. STC – ISP 烧录软件

　　STC – ISP 是一款单片机下载编程烧录软件,是针对 STC 系列单片机而设计的,使用简便。

【应用演练】

1.2　实　施　操　作

1.2.1　Keil 软件安装

　　Keil 软件安装只需一步步操作即可,如图1.4 所示。

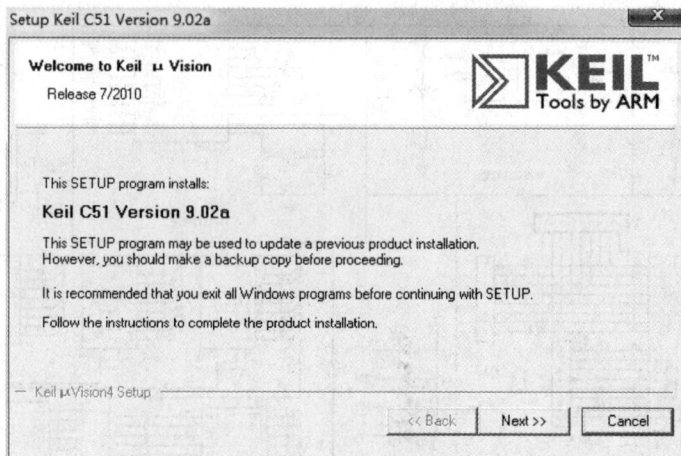

图 1.4 Keil C51 安装界面

当安装到如图 1.5 所示界面时,在空白处填任意字母,右下角"Next"就会显示高亮,即可进行下一步操作。

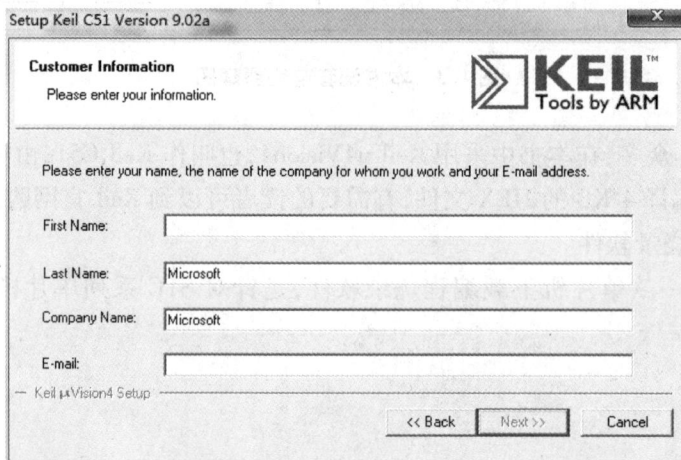

图 1.5 Keil C51 安装界面

安装完成后在桌面出现如图 1.6 所示的快捷方式。

图 1.6 Keil C51 快捷方式

双击该软件后,可能出现图 1.7 左侧框中的文件,称为"工程",自带的工程并不是我们所需的,因此在新建工程之前应将原先的工程关闭,操作如图 1.8 所示,Project→Close Project,关闭工程即可。

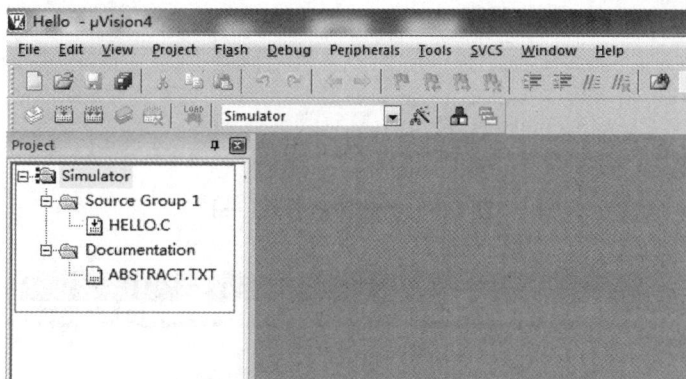

图 1.7 Keil C51 界面(一)

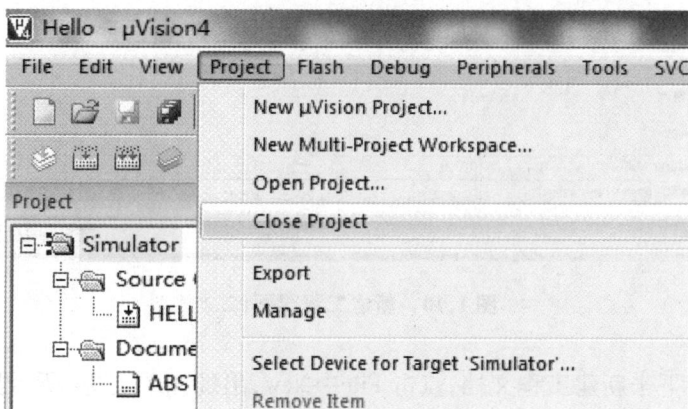

图 1.8 Keil C51 界面(二)

1.2.2 项目工程建立

单片机操作流程:新建工程项目→程序编写、调试→烧录程序→运行。

首先建立本书的第一个项目工程,在桌面上新建一个文件夹,取名"MyFirstPJ",双击打开已安装的 Keil C51,如图 1.9 所示。点击 Project→New μVision Project…,再定位到新建的文件夹 MyFirstPJ,输入文件名 MyFirstPJ,如图 1.10 所示。文件名可以任取,编者建议选取跟项目相关的名字,以方便区分。点击保存,出现如图 1.11 所示对话框,选择 Atmel→AT89C52,如图 1.12 所示,点击"OK",弹出如图 1.13 所示的对话框,选择"是"或者"否"均可,在本例中选择了"否",表示使用默认的启动代码,如需要修改启动代码,选择"是"。

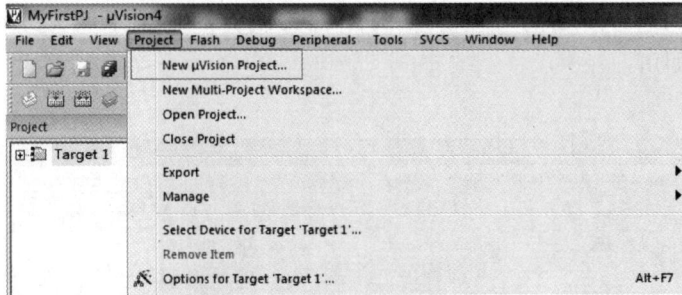

图 1.9   新建工程界面(一)

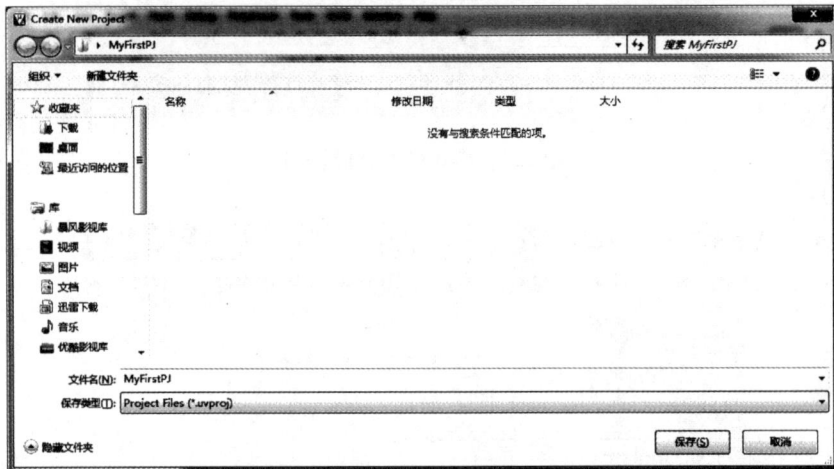

图 1.10   新建工程界面(二)

工程建完,接下来新建工程文档,点击 File→New,出现如图 1.14 所示界面,点击 ■,出现如图 1.15 所示界面,输入"main. c",点击保存。注意后缀名一定要为". c"。如果采用汇编语言,后缀名为". asm",大小写没有关系,但后缀名必须正确。文件的名字应该具有实际含义,会给后续的查找带来很大方便,初学者更应养成这个好习惯。

工程文档新建完成后,将文档和工程进行关联,如图 1.16 所示,在"Source Group 1"上右键选择"Add Files to Group 'Source Group 1'",出现如图 1.17 所示界面,选择"main. c",点击"Add",关闭该界面。

至此完成文档与工程的联系,如图 1.18 左侧框所示。

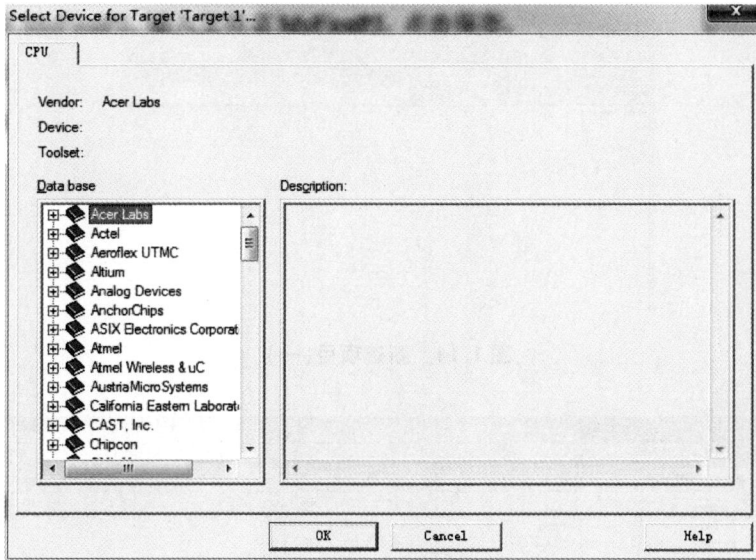

图 1.11　新建工程界面（三）

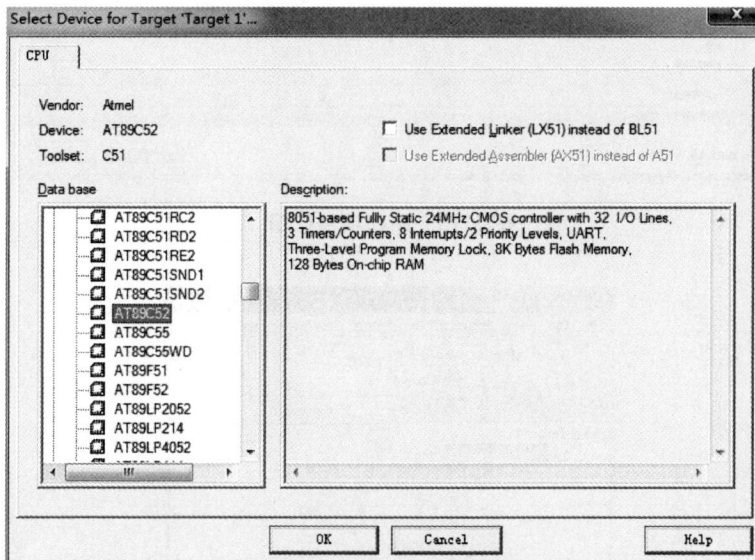

图 1.12　新建工程界面（四）

图 1.13　新建工程界面（五）

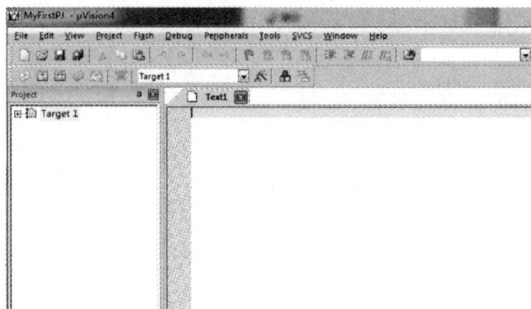

图 1.14   新建项目(一)

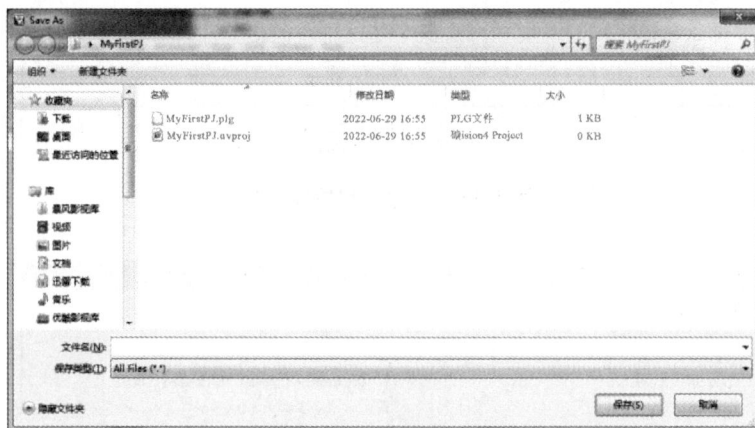

图 1.15   新建项目(二)

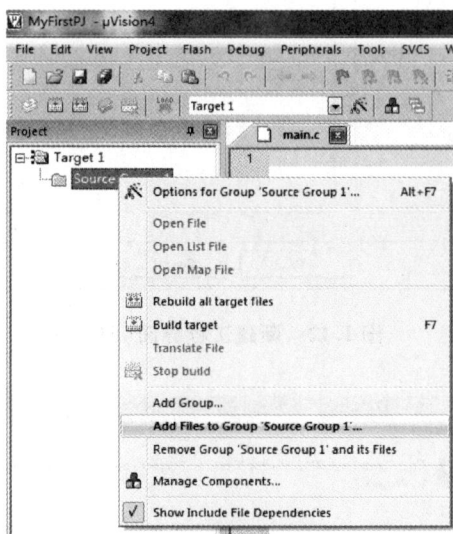

图 1.16   添加项目界面(一)

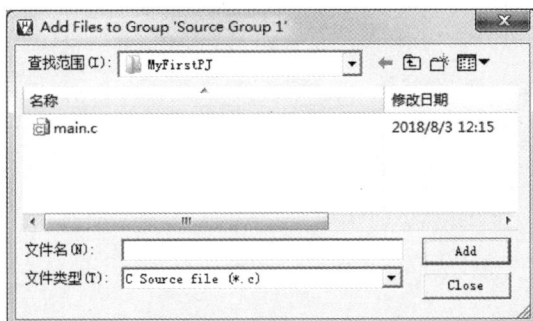

图 1.17 添加项目界面(二)

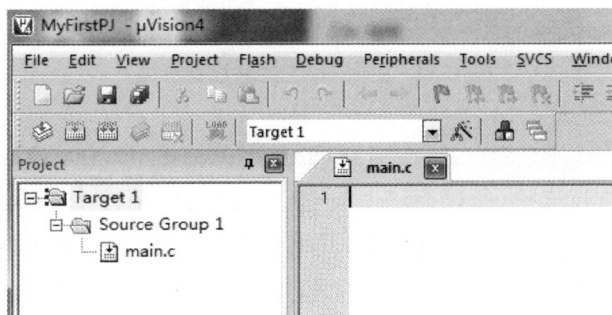

图 1.18 程序编写界面(一)

1.2.3 程序编写及 HEX 文件生成

编写如图 1.19 所示程序,注意括号有中括号和小括号之分,完成程序后点击 图标,出现如图 1.20 所示对话框,选择"Output",勾选"Create HEX File"前复选框,再点击"OK",编译后即生成 HEX 文件。

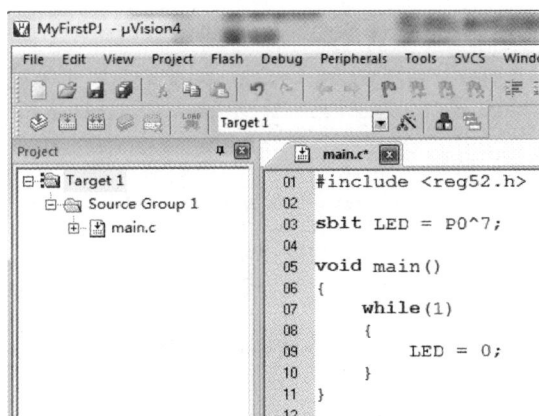

图 1.19 程序编写界面(二)

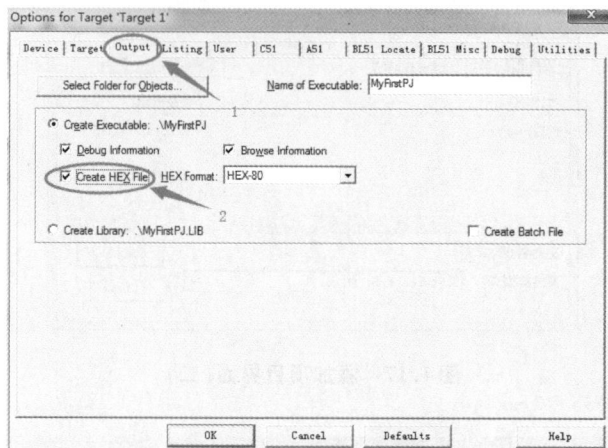

图 1.20　生成 HEX 文件设置界面

　　图 1.19 中的三个按钮 ，左侧第一个是编译按钮，只是检查所写程序中是否有语法错误，不会进行连接，所以无法生成 HEX 文件，使用较少。第二个比较常用，按钮的作用是只编译当前文件并进行库连接等，其将会完成需要生成 HEX 的所有操作。第三个按钮也会生成 HEX 文件，但是会重新编译全部文件。如果一个文件较大，修改后每次重新编译会消耗很多时间，大部分情况下只需要重新编译修改后的文档即可。以相似方法编译本例中较小的程序，两者没有本质的区别。

　　程序编写和设置完成后，点击菜单栏中的 ，界面左下角出现如图 1.21 所示界面，其中 Error(s) 代表程序中的错误数，Warning(s) 代表程序中的警告数。如果程序中存在 Error(s)，则表示程序有绝对意义上的错误，此时无法生成 HEX 文件。如果程序中存在 Warning(s)，则表示程序中有欠完善的地方，但是这种欠完善不是绝对意义上的错误，生成的 HEX 可以在硬件上运行。这种 Warning(s) 究竟是什么"警告"需要程序编写者自己清楚，如果不知道"警告"的出处，需要排除这种"警告"，该程序显示 0 错误和 0 警告，至此生成的 HEX 可以在单片机正常运行。

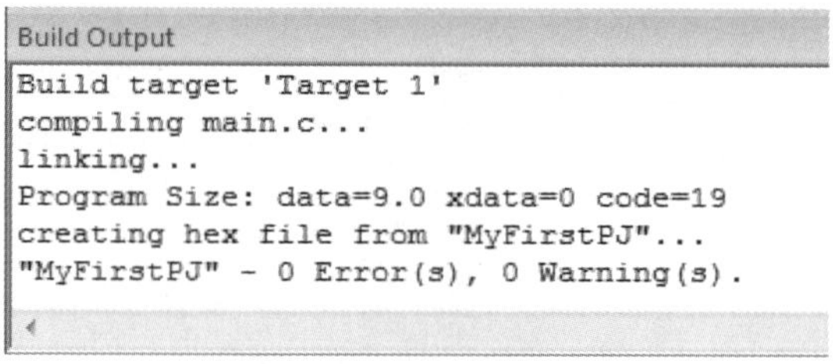

图 1.21　编译成功界面

　　打开 MyFirst 文档可看到 MyFirstPJ. hex 文件，如图 1.22 所示。

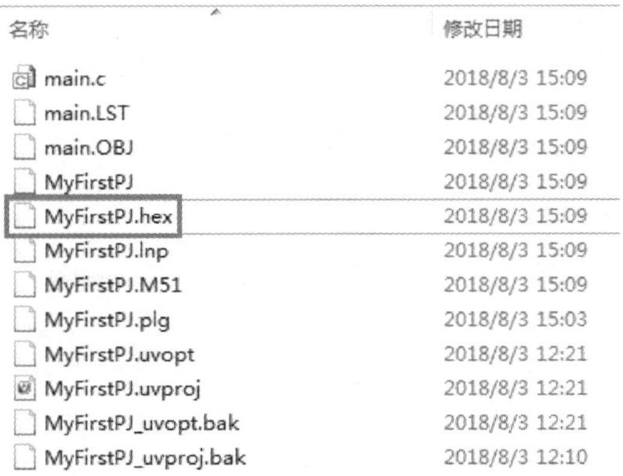

图 1.22 HEX 文件生成文件位置

为了更好地使用 Keil 软件,可以进行字体大小等设置。在菜单栏中选择 Edit→Configuration,显示如图 1.23 所示界面,先选择 Editor,在 Tab size 中写"4",表示在编程中按下 TAB 键会相应地缩进 4 格。

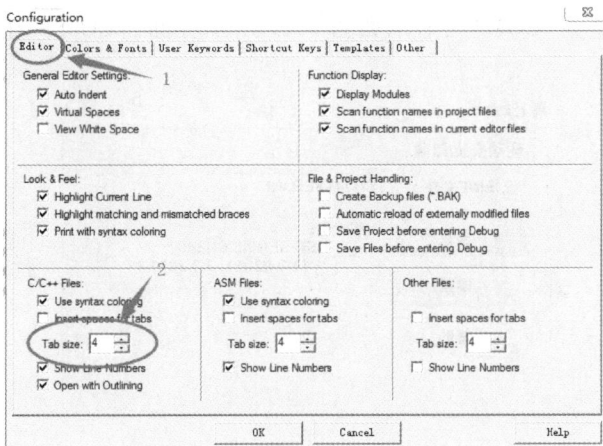

图 1.23 TAB 键格式设置界面

在 Configuration 中选择"Colors & Fonts"→"8051:Editor C Files"→"Test"→"Courier New",即可改变字体大小,如图 1.24 所示。

1.2.4 驱动软件安装

单片机开发需要跟电脑进行串口通信,现在电脑上很少有串口,而较为普遍的是 USB 接口,因此将电脑的 USB 口映射为串口用,CH340 是常用的 USB 转串口芯片,同时也能实现 USB 转串口、USB 转 IrDA 红外或者 USB 转打印口。

CH340 芯片已集成在配套的开发板上,还需要安装相应的驱动。相应的驱动在配套的软件包中,文件名为"CH341SER",读者也可以自行下载安装。

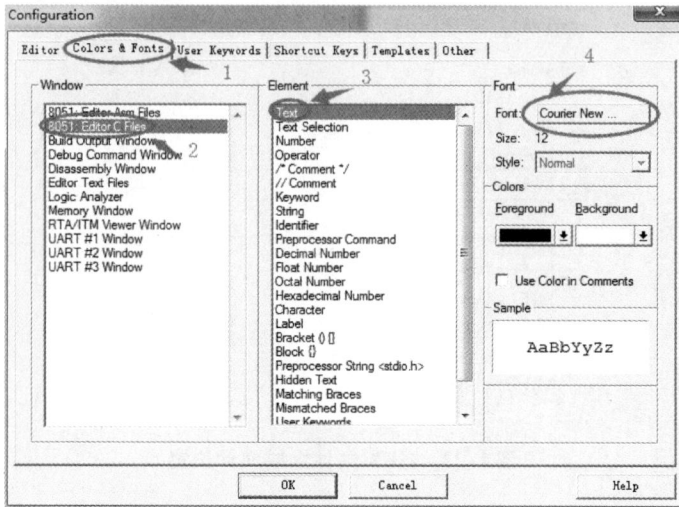

图 1.24　字体调整界面

安装界面如图 1.25 所示,以 Windows 7 为例,"计算机"→属性→设备管理器,显示如图 1.26 所示界面,在"端口"处只有"通信端口",安装完驱动后,在"端口"处出现"USB – SERIAL CH340",通道为"COM3",显示如图 1.27 所示界面,"COM3"在下一小节中会用到。

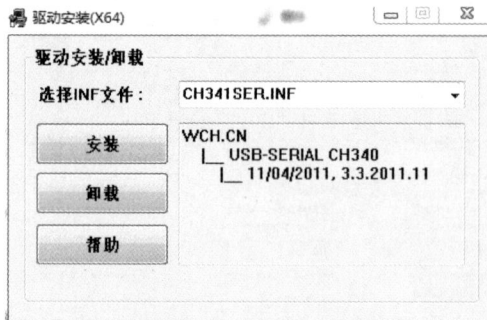

图 1.25　CH340 安装界面

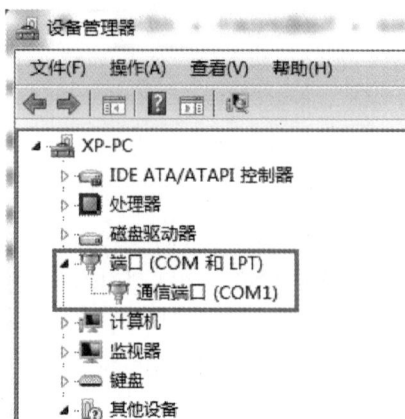

图 1.26　串口安装界面(一)

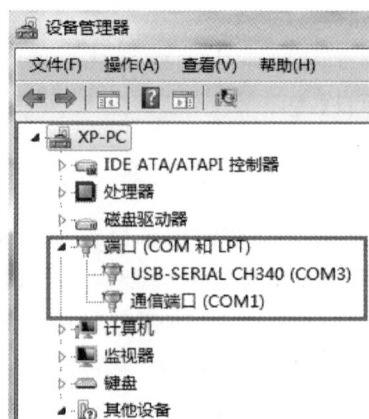

图 1.27　串口安装界面(二)

1.2.5 烧录软件的使用

打开配套软件包中的"STC – ISP – v4.80",也可以去 STC 官网下载最新的 STC – ISP 软件,软件操作大同小异。本节以软件包中烧录软件为例进行讲解。

第一次使用该软件首先找到后缀为".exe"的执行文件,点击右键以管理员身份运行,如图 1.28 所示,操作步骤:①选择单片机型号,选择"STC89C52RC";②打开程序文件,找到相应的 HEX 文件;③选择串口号,"计算机"→属性→设备管理器→端口,即可查找相应的串口号;④点击"Download/下载"按键。

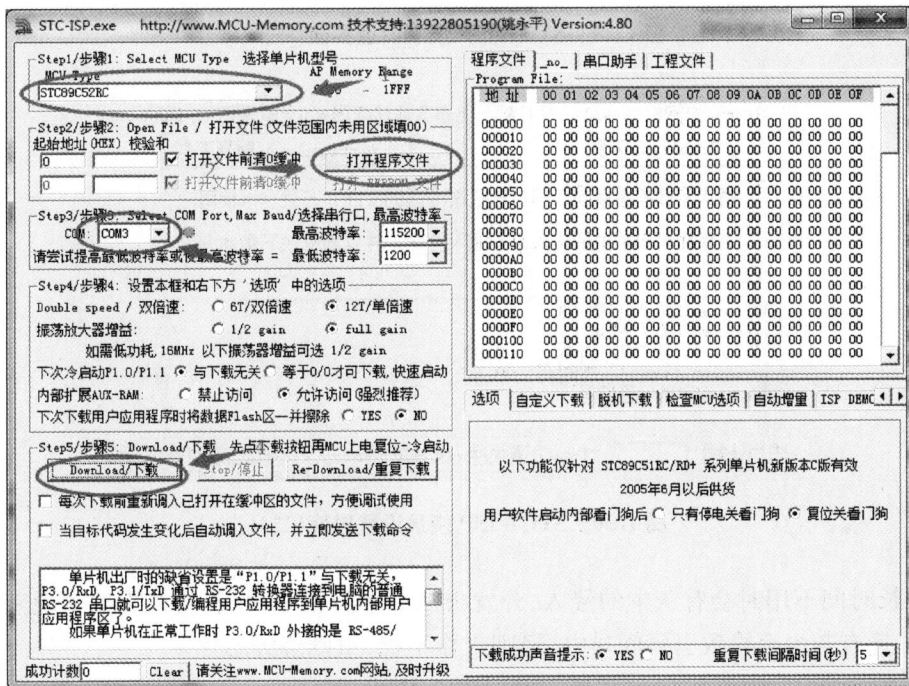

图 1.28 STC – ISP 设置界面

点击后,界面如图 1.29 所示,显示"仍在连接中,请给 MCU 上电下",因为单片机为冷启动类型,需要关闭单片机电源并重新打开,此时界面如图 1.30 所示,表示下载成功。

1.2.6 常见问题解答

程序无法下载或是工作异常,通常是由于以下原因:

(1)单片机在单片机座上未正确安装,长时间通电会烧毁单片机。

(2)开发板长时间不用会导致引脚氧化层过厚,表现为单片机和单片机座接触不良。这时只需要将单片机放入单片机座并将单片机座锁紧(注意:是锁紧不是锁死),然后左右横向移动单片机来摩擦引脚,反复 10 次左右即可。

(3)未安装相关驱动,在烧录程序时未选择正确的串口号。

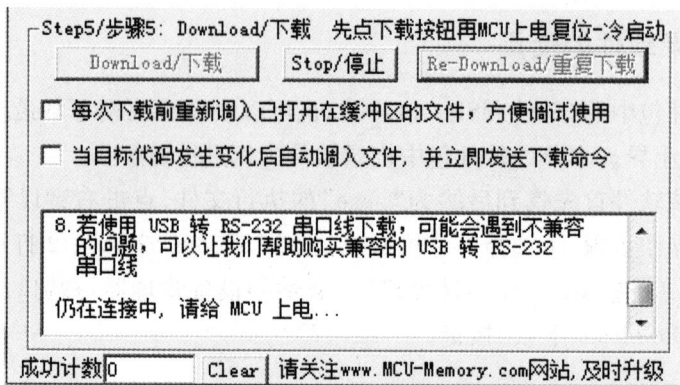

图 1.29　STC – ISP 烧录设置界面(一)

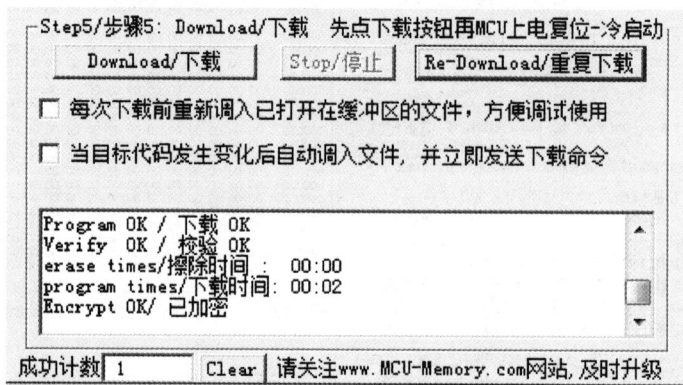

图 1.30　STC – ISP 烧录设置界面(二)

(4)长时间不用时会有灰尘的侵入,开发板由于本身就是裸板,所以更要避免灰尘。这些地方一旦有灰尘会导致引脚间导电,轻则工作不稳,重则烧毁芯片。

【能力拓展】

1.3　思考与练习题

1. 熟悉 51 单片机引脚的类型及最小单片机系统的组成。
2. 能正确安装 Keil C51 和 STC – ISP 等软件。
3. 独立完成 Keil 新建工程。
4. 将 HEX 烧录单片机中并观察实验现象。

【趣味小贴士】

　　1946 年第一台电子计算机诞生，随着微电子技术和半导体技术的进步，从电子管、晶体管、集成电路到大规模集成电路，至今，一块芯片上完全可以集成几百万甚至上千万只晶体管，使得计算机体积更小，功能更强。特别是近 20 年时间里，计算机技术飞速发展，计算机在工农业、科研、教育、国防和航空航天等领域获得了广泛的应用，计算机技术已经成为一个国家现代科技水平的重要标志。

第2章 LED 二极管及其应用

走在城市的大街小巷,高楼大厦林立、灯光璀璨,这些霓虹灯变幻莫测,人们是如何控制它们的,又是如何改变控制流程的? 实际上就是一块小小的单片机在起作用,想要学习好单片机的程序编写就要从简单的 LED 灯的控制开始,本章我们主要学习片机对简单的 LED 灯的控制编程。

【教学导航】

教	知识重点	1. 点亮 LED 的两种方式; 2. LED 硬件电路结构; 3. 位、进制和变量等 C 语言概念
	知识难点	1. LED 闪烁原理; 2. LED 流水灯实现
	推荐教学方法	从生活实例入手,介绍 LED 应用场合及 LED 发光原理,结合两种点亮方式给出设计方案;引入单片机操作,介绍相关 C 语言知识点,实现点亮 LED,在此基础上完成 LED 闪烁,结合生活中实例,实现 LED 流水灯实验
	思政教学	精益求精的工匠精神
	建议学时	4~5 课时
学	推荐学习方法	课前查阅 LED 相关资料,了解 LED 发光原理,掌握点亮 LED 原理;查询 C 语言相关控制语句
	需掌握理论知识	1. LED 应用场合及点亮原理; 2. 掌握查看 LED 硬件电路图原理
	需掌握基本技能	1. 位、进制和变量等 C 语言概念; 2. 函数的应用及意义; 3. 使用 define、for 等语句
	技能目标	看懂电路图,实现 LED 闪烁及流水灯实验

【基础知识】

2.1 二极管基础知识

2.1.1 发光二极管 LED 简介

发光二极管 LED 是一种固态的半导体器件,它可以直接把电转化为光。LED 的"心脏"是一个半导体晶片,晶片的一端是负极,附在一个支架上;另一端连接电源的正极,整个晶片被环氧树脂封装起来。

LED 二极管的正向导通电压一般为 1.8 ~ 2.2 V,工作电流一般为 1 ~ 20 mA。当电流在 1 ~ 5 mA 变化时,随着通过 LED 的电流越来越大,会明显感觉到 LED 越来越亮,当电流在 5 ~ 20 mA 变化时,发光二极管的亮度变化不太明显。当电流超过 20 mA 时,LED 就会有烧坏的危险,电流越大,烧坏的速度越快。所以在使用过程中应该特别注意 LED 在电流参数上的设计要求,设计 LED 电路时要添加适当大小的电阻。常用的 VCC 电压是 5 V,发光二极管自身压降大概是 2 V,在电阻上承受的电压是 3 V。例如,要求电流范围是 1 ~ 20 mA,可以根据欧姆定律 $R = U/I$,把这个电阻的上限和下限值求出来。$U = 3\ 000\ \Omega$,当电流是 1 mA 的时候,电阻值是 3 000 Ω;当电流是 20 mA 的时候,电阻值是 150 Ω,即 R 的取值范围是 150 ~ 3 000 Ω。这个电阻值大小的变化可以直接限制整条通路的电流的大小,因此通常称之为"限流电阻"。

2.1.2 点亮 LED 的两种方式

点亮 LED 有两种方式,以 P0.0 为例,图 2.1(a)表示当 P0.0 为高电平时 LED 亮,图 2.1(b)表示当 P0.0 为低电平时 LED 亮,常用的方式为图 2.1(b),这是因为:

①51 单片机上电复位时 I/O(Input 和 Output,即输入和输出)的初始值为高电平,此时若采用 2.1(a)方式在默认上电情况下 LED 会点亮;

②单片机 I/O 驱动能力弱,一般用作灌电流。

(a)高电平点亮 　　　　　　　　　　　(d)低电平点亮

图 2.1 LED 点亮的两种方式

灌电流是指单片机输出低电平时,允许外部器件向单片机引脚内灌入的电流;拉电流是指单片机输出高电平时,允许外部器件从单片机的引脚拉出的电流。51 单片机的灌电流最大电流为 10 mA,P1、P2 以及 P3 允许总电流最大为 15 mA;P0 灌入的最大总电流为 26 mA。全部的四个接口所允许的灌电流之和最大为 71 mA,单片机的"拉电流"不到 1 mA,因此采用图 2.1(b)方式点亮 LED 更为方便。

2.1.3   LED 硬件电路部分

如图 2.2 所示,以点亮 LED3 为例,LED 阳极连接 +5 V,负极连接 P0.7,因此点亮该 LED 需要负极为低电平,即 P0.7 输出低电平,在开发板上从右到左依次为 P0.4、P0.5、P0.6、 P0.7,如图 2.2(b)所示。完整的线路板通过右侧二维码扫描获得。

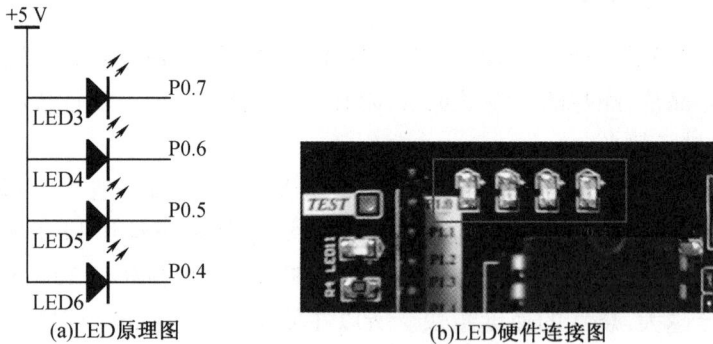

(a)LED原理图   (b)LED硬件连接图

图 2.2   LED 连接图

【趣味小贴士】

1971 年英特尔公司研制出世界上第一个 4 位的微处理器,公司的霍夫研制成功世界上第一块微处理器芯片 intel4004,标志着第一代微处理器的问世,微处理器和微机时代从此正式开启。因发明微处理器,霍夫被英国《经济学家》杂志评为"第二次世界大战以来最具影响力的 7 位科学家"之一。

2.2   C 语言相关知识点

2.2.1   位的概念

51 单片机为 8 位单片机,可一次性处理一个字节(Byte),一个字节由 8 个 bit 位组成,例如 P0.0,P0.1,…,P0.7 这 8 个位组成 P0 口,单片机可以分别处理 P0.0,P0.1,…,P0.7 口引脚数据,也可以同时处理 P0 口 8 个位数据。

2.2.2   进制的概念

常用的进制有二进制、十进制和十六进制。十进制,逢十进位,一个位有十个值:0 ~ 9。二进制,逢二进位,一个位只有两个值:0 和 1,但它却是实现计算机系统的最基本的理论基础。计算机(包括单片机)芯片是由成万上亿个的开关管组合而成,它们每一个都只能有开和关两种状态,理解二进制对于理解计算机的本质很有帮助。书写二进制数据时需加前缀 0b,每一位的值只能是 0 或 1。十六进制就是把 4 个二进制位组合为一位来表示,它的每一位有 0b0000 ~ 0b1111 共 16 个值,用 0 ~ 9 再加上 A ~ F(或 a ~ f)表示,本质上同二进制一样,是程序编写中常用的形式。书写十六进制数据时需加前缀 0x。表 2.1 是三种进制之间的对应关系。

表 2.1 进制转换

十进制	二进制	十六进制
0	0b0	0x00
1	0b1	0x01
2	0b10	0x02
3	0b11	0x03
…	…	…
9	0b1001	0x09
10	0b1010	0x0A
11	0b1011	0x0B
12	0b1100	0x0C

对于二进制来说,8 位二进制称为一个字节,二进制的表达范围是 0b0000 0000 ~ 0b1111 1111,而用十六进制表示的话就是 0x00 ~ 0xFF,那么二进制、十进制和十六进制相互之间怎么转换? 二进制转十进制的时候,二进制以 4 位为一组,遵循 8/4/2/1 的规律,比如 0b1010,从最高位开始算,数字大小是 $8 \times 1 + 4 \times 0 + 2 \times 1 + 1 \times 0 = 10$,那么十进制就是 10。二进制转十六进制的时候,十六进制一位和二进制的 4 位相对应,那么十六进制就是 0xA。

进制只是数据的表现形式,数据的大小不会因为进制表现形式不同而不同,比如二进制的 0b1、十进制的 1、十六进制的 0x01,它们本质上是数值大小相等的同一个数据。在进行 C 语言编程的时候,为了区分十进制和十六进制,不带 0x 前缀的就是十进制,带了 0x 前缀的就是十六进制。

2.2.3 头文件作用

头文件的作用相当于在该行位置键入文件"reg52. h"的全部内容。打开任意程序,编译后将鼠标放置在"< reg52. h >"的任意位置,如图 2.3 所示。选择"Open document < reg52. h >",即可打开"reg52. h"的文档,部分内容如图 2.4 所示,可以看到一系列的定义,主要是用"sfr"和"sbit"这两个关键字来进行定义。例如,"sfr P0 = 0x80"表示将单片机硬件的 0x80 这个地址赋给 P0 这两个字母。在本书第 1 章中提到过,学习单片机的实质是通过寄存器实现对引脚的控制,在头文件中通过关键字"sfr"实现变量 P0 和地址的联系,每个寄存器都有唯一地址,操作地址的过程就是控制寄存器的过程。通俗地讲,通过这样定义之后对 P0 的操作就会执行到 0x80 地址的寄存器中。因为程序最终要由硬件来执行,所以本质上是对单片机的硬件地址进行操作。51 单片机具有 P0、P1、P2、P3 四个统称 I/O 口,每个统称 I/O 口有 8 个 I/O 口。sfr P0 =0x80 就是将 P0 的 8 个 I/O 口定义为 P0 口,也就是说 sfr 一次定义了 8 位,这时不难发现 sfr 和 sbit 的区别:sfr 一次能定义 8 位,sbit 一次只能定义 1 位。

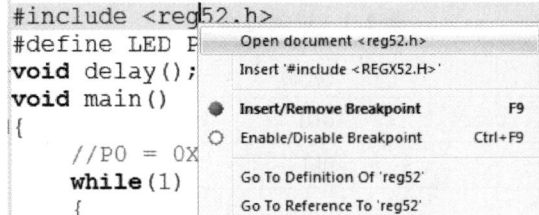

图 2.3　打开头文件操作界面图

图 2.4　头文件部分内容

请注意,每个型号的单片机都会配有生产厂商所编写的数据手册(datasheet),例如 STC89C52 的数据手册,从 21 页到 24 页,全部是对特殊功能寄存器的介绍以及地址映射列表,如表 2.2 所示。在使用这个寄存器之前,必须对寄存器的地址进行说明。

表 2.2　I/O 口特殊功能寄存器

Mnemonic	Add	Name	7	6	5	4	3	2	1	0	Reset Value
P0	80h	Port0	P0.7	P0.6	P0.5	P0.4	P0.3	P0.2	P0.1	P0.0	1111,1111
P1	90h	Port1	P1.7	P1.6	P1.5	P1.4	P1.3	P1.2	P1.1	P1.0	1111,1111
P2	A0h	Port2	P2.7	P2.6	P2.5	P2.4	P2.3	P2.2	P2.1	P2.0	1111,1111
P3	B0h	Port3	P3.7	P3.6	P3.5	P3.4	P3.3	P3.2	P3.1	P3.0	1111,1111
P4	E8h	Port4				P4.4	P4.3	P4.2	P4.1	P4.0	1111,1111

其中 P4 口 STC89C52 是对标准 51 的扩展,先忽略它,只看前边的 P0、P1、P2、P3 这 4 个,每个 P 口本身又有 8 个控制端口。可以结合开发板原理图看,这样就确定了单片机一共有 32 个 I/O 口。

其中 P0 口所在的地址是 0x80,一共有从 7 到 0 这 8 个 I/O 口控制位,后边有个 Reset Value(复位值),这个很重要,是寄存器必看的一个参数,8 个控制位复位值全部都是 1。即每当单片机上电复位的时候,所有引脚的默认值都是 1,即高电平,在设计电路的时候也要充分考虑这个问题。

在写 sfr 的时候,必须根据手册里的地址(Add)去写;在写 sbit 的时候,可以直接将一个字节中的某一位取出来。编程的时候,也有现成的写好寄存器地址的头文件,直接包含该头文件就可以了,不需要逐一去写,头文件的作用也在于此!

2.2.4 变量的概念

在编写 C 语句时,会用到各类数字,在使用这些数字前首先需要在内存开辟一块空间来存放数字,因为内存空间是以地址命名的,不容易记,因此常用一个变量名来代替这块空间,例如"int num = 1;","num"就是一个变量名," = "表示赋值,不同于之前了解的"等于",在 C 语句中的等于用" = = "来表示。

在给变量"num"开辟空间时需要指定空间的大小,即变量的类型,"int"是常用的类型,表示整型,常用的变量类型如表 2.3 所示。

表 2.3 C 语言基本数据类型表

类型		取值范围
字符型	unsigned char	0 ~ 255
	signed char	− 128 ~ 127
整型	unsigned int	0 ~ 65 535
	signed int	− 32 768 ~ 32 767
长整型	unsigned long	0 ~ 4 294 967 295
	signed long	− 2 147 483 648 ~ 2 147 483 647
浮点型	float	$− 3.4 \times 10^{-38} \sim 3.4 \times 10^{38}$
	double	$− 3.4 \times 10^{-38} \sim 3.4 \times 10^{38}$

常用的类型有 unsigned char 和 unsigned int,例如定义一个变量"unsigned char i",则 i 的取值范围为 0 ~ 255,再如 i 的值在 10 000 左右,就要选择 unsigned int 类型。

2.2.5 声明函数

声明的作用是告诉编译器一个变量或者函数将在接下去的程序中用到,使编译器提前"认识"该变量或者函数,例如"sbit LED = P0^7;"即为一条声明语句,变量"LED"表示地址 P0 口的第 8 位(注意:第一位为 P0^0),类型为位类型,通过该语句将 P0 的第 8 位和 LED 建立了联系。

2.2.6　while 语句

在 C 语言里,通常表达式符合条件叫作真,不符合条件叫作假。比如前边 i<30 000,当 i 等于 0 的时候,这个条件成立,就是真;如果 i>30 000,条件不成立,就是假。

while(表达式):当括号里的表达式为真的时候,就会执行循环体语句;当其为假的时候,就不执行。

```
while(表达式)
{
语句体;
}
```

还有另外一种情况,除了表达式外,还有常数,习惯上,把非 0 的常数都认为是真,只有 0 认为是假,所以程序中使用了 while(1),这个数字 1 可以改成 2,3,4,…,它们都是一个死循环,不停地执行循环体的语句,但是如果把这个数字改成 0,就不会执行循环体的语句。

2.2.7　for 语句

for 语句使用较多,常用的方式如图 2.5 所示,for 语句有三个判断条件,执行过程:首先判断执行表达式 1,一般情况下在整个 for 语句中执行一次,再执行表达式 2,判断是否满足条件,在满足表达式 2 的情况下执行语句体,执行完成后再执行表达式 3,表达式 3 一般自增或者自减,再跟表达式 2 比较判断,如继续满足表达式 2 则执行语句体,如不满足表达式 2 则跳出 for 语句循环。

以图 2.6"for"循环为例,执行过程:①将 0 赋值给变量 i;②判断 i<183 是否成立,0<183 成立;③执行"for(j=0;j<1 000;j++);"语句;④:执行"i++",表示 i 自增 1,原来 i 为 0,自增 1 后为 1;⑤判断 i<183 是否成立,1<183 成立;⑥执行"for(j=0;j<1 000;j++);"语句;⑦执行"i++",表示 i 自增 1,原来 i 为 1,自增 1 后为 2;……直至条件不满足 i<183,跳出整个 for 循环。

```
for(表达式1;表达式2;表达式3)
{
语句体;
}
```

图 2.5　for 语句框架

```
for(i=0;i<183;i++)
{
for(j=0;j<1000;j++);
}
```

图 2.6　for 语句实例

注意"for(j=0;j<1 000;j++);"是"for(j=0;j<1 000;j++){ }";的缩写,它的语句体为空,即执行 1 000 次空语句,图 2.6 整个 for 语句执行的次数为 183×1 000=183 000,即执行 183 000 次空语句,通过执行空语句来达到延时的目的,至于为何是 183 000 次,1 s 是否准确的问题将在仿真项目中详细讲解。

2.2.8 #define 的使用方法

标识符的几点说明：

标识符由字母（A～Z，a～z）、数字（0～9）、下划线"_"组成，并且首字符不能是数字，但可以是字母或者下划线。不能把 C 语言关键字作为用户标识符，关键字例如 if、for、while等，在 Keil 界面中会显示粗黑体。标识符对大小写敏感，严格区分大小写。一般变量名用小写，符号常量命名用大写，例如 LED 和 led 是两个不同的标识符。标识符命名应做到"顾名思义"，例如，LED 代表有关 LED 的内容，替换列表可以是数字、字符、标点符号、标识符、关键字、字符常量等。

#define 是预处理命令，在编译处理时进行简单的替换，例如"#define LED P0"，在编译处理时会用 P0 代替标识符 LED。特别是在程序移植过程中作用更加明显，因为一个变量会出现在程序的很多地方，这样在这个变量改变后需要在每处都改变。如果在一开始用这种宏定义的方法，只需改变宏定义的数值即可。

2.2.9 函数定义

函数定义的一般形式如下：

```
函数值类型 函数名(形式参数列表)
{
函数体
}
```

（1）函数值类型，就是函数返回值的类型。在后边的程序中，会有很多函数中有 return x语句，这个返回值也就是函数本身的类型。还有一种情况，就是这个函数只执行操作，不需要返回任何值，这个时候它的类型就是空类型 void。void 按道理来说是可以省略的，但是一旦省略，Keil 软件会报一个警告，所以通常也不省略。

（2）函数名，可以由任意的字母、数字和下划线组成，但数字不能作为开头。函数名不能与其他函数或者变量重名，也不能是关键字。关键字是程序中具备特殊功能的标识符，不可以用来命名函数，比如 char、int 等。

（3）形式参数列表，也叫作形参列表，它用于函数调用时相互传递数据。有的函数不需要传递参数给它，可以用 void 来替代。void 同样可以省略，但是括号不能省略。

（4）函数体，包含了声明语句部分和执行语句部分。声明语句部分主要用于声明函数内部所使用的变量，执行语句部分主要是一些函数需要执行的语句。特别注意，所有的声明语句部分必须放在执行语句之前，否则编译的时候会报错。

（5）一个工程文件必须有且仅有一个 main 函数，程序执行的时候，都是从 main 函数开始的。

1. 主函数

一个 C 程序从 main( )开始执行，执行的内容在"{}"中，"{}"总是成对出现，一对"{}"上下对齐，便于阅读和理解。一般称 main( )为主函数，一个程序里有且只有一个主函数。其框架如图 2.7 所示。

```
void main()
{
//程序内容
}
```

图 2.7　主函数框架

2.子函数

一个函数中可以有一个或者多个子函数,也可以没有。子函数可以理解为具有一定功能的语句集合,方便于主函数调用实现特定的功能。在 while 语句中"LED = 1;delay();LED = 1;delay();",按照 C 语言从上到下的执行规则,先执行"LED = 1;",再执行"delay();",delay()函数的作用是延时 1 s,再执行"LED = 1;delay();",执行完最后一句后再从头执行。delay()函数的内容即为 delay(){…}中括号里的内容,在下面的"for"语句中会详细讲解。

【趣味小贴士】

　　现代的单片机普遍具备通信接口,可以很方便地与计算机进行数据通信,为在计算机网络和通信设备间的应用提供了极好的物质条件。通信设备基本上实现了单片机智能控制,如电话机、小型程控交换机、楼宇自动通信呼叫系统、列车无线通信以及日常工作中随处可见的移动电话、集群移动通信、无线电对讲机等。

【应用演练】

2.3　LED 应用实例分析

2.3.1　点亮第一位 LED 灯

```
/*******************************************
实验功能:
点亮 LED
实验现象:
4 个 LED 中的一个被点亮

*******************************************/
```

```
#include <reg52.h> //头文件
sbit   LED = P0^4; //定义使用的引脚
/* 主函数有且只有一个 */
void  main()
{
    while(1) //循环函数
    {
        LED = 0; //0 赋值给变量 LED
    }
}
```

本小结展示了最小的程序框架,包括头文件、主函数和循环函数,一个函数有且只有一个主函数。同时还需要注意以下几点:

(1)"//"表示注释,Keil 软件在编译过程中不能识别"//"后面的文字;

(2)/ * */表示另一种注释方式,文字放于"/*""*/"之间,一般用于文字较多的情况;

(3)注意大小写,LED 和 led 表示不同的变量;

(4)程序中的字母和符号都需要在英文状态下输入;

(5)分号在 C 语言中表示一句话的结束,一定要在英文状态下输入。

将该程序输入单片机中,观察实验现象。

2.3.2　实现一个 LED 闪烁功能

```
/* * * * * * * * * * * * * * * * * * * * * * * * * * * * * * * * * *
实验功能:
实现 LED 闪烁
实验现象:
LED 一亮一灭,时间间隔近 1 s

  * * * * * * * * * * * * * * * * * * * * * * * * * * * * * * * * */
#include <reg52.h>   //头文件
sbit   LED  = P0^4;   //定义使用的引脚
/* 主函数有且只有一个 */
void delay(); //函数声明
void  main()
{
    while(1)    //循环函数
    {
        LED = 0;    //0 赋值给变量 LED,LED 点亮
        delay();    //延时 1 s
        LED = 1;    //1 赋值给变量 LED,LED 熄灭
        delay();    //延时 1 s
```

```
        }
    }
void delay()
    {
        unsigned int i, j;  //变量 i, j 的范围均为 0 ~ 65535
        for(i = 0;i < 183;i + +)
        {
            for(j = 0;j < 1000;j + +);
        }
    }
```

（1）C 程序执行过程：循环执行 while 语句内容，①LED = 0；②delay（）；③LED = 1；④delay（）；①②③④①②…。注意执行到②时，会跳转到下面的 delay 子函数，执行完成后返回③继续执行，即主函数在执行过程中会调用子函数。

（2）本程序有两个函数，main 主函数和 delay 子函数，如果在主函数之前定义了子函数，那么就不需要再次声明这个函数，如果在主函数之后定义了子函数，那么在主函数之前必须对其进行声明。

（3）void delay（）这个函数中的"void"表示该函数执行完成后无返回值，在以后程序中会出现需要返回一个函数值的情况。

2.3.3　实现 LED 流水灯功能

本小结以两种方式实现 LED 流水灯功能，即第一盏 LED 亮其余都灭，延时 1 s；第二盏 LED 亮，其余都灭，延时 1 s；第三盏 LED 亮，其余灭，延时 1 s；第四盏 LED 亮，其余都灭，延时 1 s。再从第一盏开始，第一盏亮，其余都灭；……

之前实例中均采用位控制，在接下来的实例中采用 4 位同时控制的方式，读者亦可以根据要求写出用位控制流水灯的程序。

方法一：

```
/ * * * * * * * * * * * * * * * * * * * * * * * * * * * * * * *
实验功能：
LED 流水灯
实验现象：
4 个 LED 灯间隔 1 s 依次点亮、熄灭
    * * * * * * * * * * * * * * * * * * * * * * * * * * * * * * * * */
#include < reg52.h >
#define LED P0
void delay();
void main()
    {
        while(1)
        {
```

```
        LED = 0xEF;   //二进制:11101111
        delay();
        LED = 0xDF;   //二进制:110111111
        delay();
        LED = 0xBF;   //二进制:10111111
        delay();
        LED = 0x7F;   //二进制:01111111
        delay();
    }
}
void delay()
{
    unsigned int  i , j; //变量 i , j 的范围为 0~65535
    for(i =0;i <183;i + +)
    {
        for(j =0;j <1000;j + +);
    }
}
```

(1)"LED = 0xEF;"本质是将 0xEF 赋值给了 P0 口;

(2)注意"for(j =0;j <1 000;j + +);"中的分号,其实是"for(j =0;j <1 000;j + +){};"中"{};"的缩写;

(3)由硬件原理图可知,4 个 LED 相应连接的是 P0.4、P0.5、P0.6、P0.7。

方法二:

/ *

实验功能:

LED 流水灯

实验现象:

4 个 LED 灯间隔 1 s 依次点亮、熄灭

　 */

```
#include < reg52.h >
#define LED P0
void delay();
void main()
{
    //P0 = 0XFF;
    while(1)
    {
        unsigned char k;
        for(k =0;k <4;k + +)
        {
```

```
                    LED = ~(0x10 < < k);
                    delay();
                }


            }
    }

    void delay()
    {

        unsigned int i , j;
        for(i = 0;i < 183;i + +)
        {

            for(j = 0;j < 1000;j + +);
        }

    }
```

（1）"P0 = 0XFF;"语句可写可不写,这是因为 P0 在上电时初始化为高电平。

（2）"＜＜"符号表示左移,例如"0x01 ＜ ＜3"表示 0x01 左移 3 位,0x01 化为二进制"0000 0001",左移三位后为"0000 1000",遵循"高位移出,低位移入补 0"的原则。

（3）"＞＞"符号表示右移,例如"0xFF ＜ ＜3"表示 0xFF 左移 3 位,0xFF 化为二进制"1111 1111",右移三位后为"0001 1111",遵循"高位移入补 0,低位移出"的原则。

（4）"～"表示取反,例如:"0x01"取反后为"0xFE"。

（5）根据 LED 原理图,思考下有 8 个 LED 时用此方法如何编程。

【能力拓展】

2.4 思考与练习题

1.将十六进制 0xF9、0x4D 转换成相应的二进制。

2.阐述灌电流和拉电流的作用及应用场合。

3.分别点亮剩余 LED。

4.实现其他方式的流水灯实验。

【趣味小贴士】

　　要掌握单片机,成为一名单片机工程师,首先要熟练掌握一种编程开发语言。目前,单片机、驱动、内核等与硬件关联性比较强的领域,除了汇编语言,就只有 C 语言能够胜任了,所以要想入门单片机,必须学会 C 语言。

第3章 按键功能实现

拿起手机,输入密码打开界面;夜晚回家,按下灯光按钮,房间瞬间变得敞亮……生活中有很多按键的例子,不管是触屏的还是非触屏的,如果没有按键,将会给我们生活造成很多的困扰。本章开始给大家介绍按键的功能和使用,有的读者可能会纳闷,按键不就按一下吗,难道还有什么玄机不成?确实,真的有玄机!

【教学导航】

教	知识重点	1.按键电路认识; 2.按键硬件电路结构; 3.if、形参和实参等 C 语言概念
	知识难点	1.I/O 口模式理解; 2.软件消抖原理和实现
	推荐教学方法	引入生活中的按键实例,通过实验发现问题。从理论分析按键不稳定原因,以软件方式消除抖动,结合相关理论知识最终实现按键稳定,在此基础上从 1 个按键延伸到 4 个按键,最终实现 4 个按键功能
	思政教学	通过现象发现本质
	建议学时	4 ~ 5 课时
学	推荐学习方法	课前动手观察按键,拆解按键,了解按键内部结构,通过实验发现相关问题,带着问题进行实验探索;C 语言相关控制语句
	需掌握理论知识	1.按键的机械原理; 2.if 等 C 语言概念
	需掌握基本技能	1.I/O 口几种工作模式; 2.上、下拉电阻概念; 3.使用形参和实参等 C 语句
	技能目标	看懂电路图,实现按键控制 LED 实验

【基础知识】

3.1　按键基础知识

3.1.1　按键原理认识

由按键原理图可知,其配套的开发板上有 4 个独立按键,如图 3.1 所示,在正常情况下,按键默认引脚为高电平。以 K1 为例,当按下按键的时候,K1 引脚检测到低电平,说明此时按键被按下,这就是按键的基本原理。

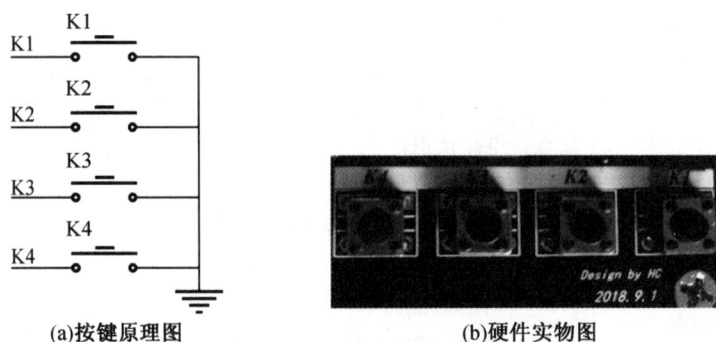

(a)按键原理图　　　　　　　　　　(b)硬件实物图

图 3.1　按键原理实物图

理想情况下按键按下去引脚为低电平,松手后引脚为高电平,但在实际按键过程中,存在抖动现象。如图 3.2 所示,在按键按下的瞬间出现毛刺,毛刺瞬间电压达到高电平,因此在按下按键的过程中可能出现多次触发高电平和低电平的情况;同理在按键弹起的过程中也会出现类似情况。

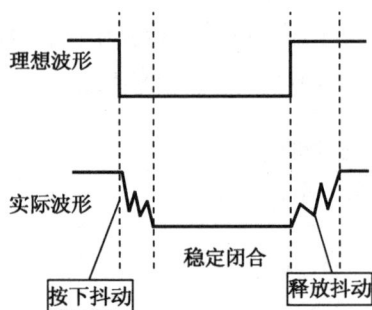

图 3.2　按键理想波形和实际波形

常用的去抖方法有两种,一种是硬件去抖,另一种是软件去抖。在本例中采用软件去抖的方式进行消抖,通过延时的方式跳过抖动区。在学完定时器项目后会采用更实用的消抖方法。

3.1.2　MOS 管基础

MOS 管又叫场效应管,跟三极管类似。三极管用小电流控制大电流,MOS 管用小电压控制电流大小。MOS 管又分 N 沟道增强型(N 型)和 P 沟道增强型(P 型),不管是 N 型还是 P 型都有三个极:栅极(G)、源极(S)和漏极(D),如图 3.3 所示。

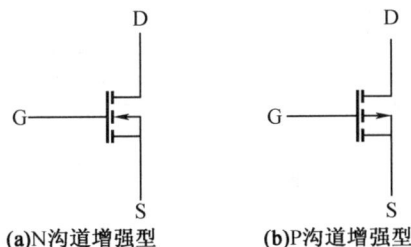

```
          D                           D
          |                           |
          |                           |
G ————————|                 G ————————|
          |                           |
          |                           |
          S                           S
   (a)N沟道增强型               (b)P沟道增强型
```

图 3.3　MOS 场效应管

栅极是控制极,通过是否在栅极加电压来控制源极和漏极是否导通,对于 N 型 MOS 管来说,在栅极加上电压则源极和漏极导通,去掉电压则截止;对于 P 型 MOS 管来说,在栅极加上电压则源极和漏极截止,去掉电压则导通。

3.1.3　I/O 口模式介绍

STC89C52 系列单片机所有 I/O 口的工作类型:准双向口/弱上拉(标准 8051 输出模式)、仅为输入(高阻)和开漏输出功能。

STC89C52 系列单片机的 P1/P2/P3 上复位后为准双向口/弱上拉(传统 8051 的 I/O 口)模式,P0 口上电复位后是开漏输出。P0 口作为总线扩展用时,不用加上拉电阻,作为 I/O 口用时,需加 4.7 kΩ ~ 10 kΩ 上拉电阻。

1. 准双向口输出配置

准双向口输出类型可用作输出和输入功能,而不需重新配置。单片机中 P1、P2、P3 均为准双向口输出类型,内部结构示意图如图 3.4 所示,方框内的电路都是指单片机内部部分。注意:当读取外部按键信号的时候,单片机必须先给该引脚写"1",也就是高电平,这样才能正确读取到外部按键信号。原因分析如下:当单片机内部输出端为高电平时,此时经过一个反向器变成低电平,N 型 MOS 管不会导通,再结合单片机内部输入端,由于上拉电阻的存在,此时输入端为高电平。当外部没有按键按下将电平拉低时,VCC 也是 + 5 V,它们之间虽然有电阻,但是没有压差,就不会有电流,线上所有的位置都是高电平,这个时候就可以正常读取到按键的状态了。

当内部输出是个低电平,经过一个反相器变成高电平,MOS 管导通,那么单片机的内部 I/O 口就是低电平,所以不管按键是否按下,单片机的 I/O 口上输入到单片机内部的状态都是低电平,就无法正常读取到按键的状态了。

2. 开漏输出配置

开漏输出和准双向 I/O 的唯一区别就是开漏输出把内部的上拉电阻去掉了。开漏输出若要输出高电平,MOS 管关断,I/O 电平要靠外部的上拉电阻才能拉成高电平,如果没有外部上拉电阻,I/O 电平就是一个不确定态。标准 51 单片机的 P0 口默认就是开漏输出,使用时外部需要加上拉电阻,如图 3.5 所示。从原理图中也可以看到,P0 口加了一个排阻就是此原因。

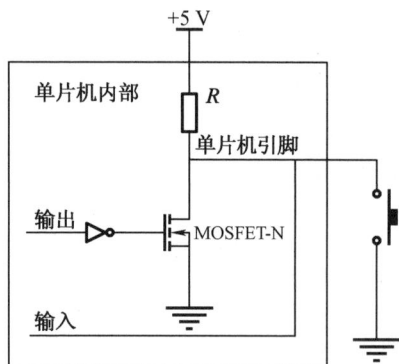

图 3.4   准双向口/弱上拉内部结构示意图   图 3.5   开漏输出内部示意图

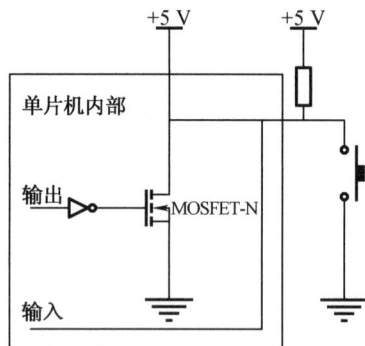

单片机 I/O 还有一种状态叫作高阻态。通常用作输入引脚的时候,可以将 I/O 口设置成高阻态,高阻态引脚本身如果悬空,用万用表测量的时候可能是高也可能是低,它的状态完全取决于外部输入信号的电平,高阻态引脚对 GND 的等效电阻很大(理论上相当于无穷大,但实际上总是有限值而非无穷大),所以称为高阻。这就是单片机 I/O 口的状态,在 51 单片机的学习过程中,主要应用的是准双向 I/O 口。

3.1.4   上、下拉电阻

之前提到上拉电阻、下拉电阻,具体什么是上、下拉电阻,上、下拉电阻都有何作用?

上拉电阻就是将不确定的信号通过一个电阻拉到高电平,同时此电阻也起到限流作用,下拉就是下拉到低电平。

比如 I/O 设置为开漏输出高电平或者高阻态时,默认的电平就是不确定的,外部经一个电阻接到 VCC,也就是上拉电阻,那么相应的引脚就是高电平,如图 3.4 中的电阻 R。

上拉电阻作用:

(1)OC 门要输出高电平,必须外部加上拉电阻才能正常使用,OC 门相当于单片机 I/O 口的开漏输出。

(2)加大普通 I/O 口的驱动能力。标准 51 单片机的内部 I/O 口的上拉电阻,一般都是几十千欧,比如 STC89C52 内部是 20 kΩ 的上拉电阻,所以最大输出电流是 250 μA,因此外部加个上拉电阻,可以形成和内部上拉电阻的并联结构,增大高电平时电流的输出能力。

(3)单片机中未使用的引脚,比如总线引脚,引脚悬空时,容易受到电磁干扰而处于紊乱状态,虽然不会对程序造成什么影响,但通常会增加单片机的功耗,加上一个对 VCC 的上拉电阻或者一个对 GND 的下拉电阻后,可以有效地抵抗电磁干扰。

下拉电阻是指经一个电阻接到 GND,那么相应的引脚就是一个低电平。为什么按键引脚在接有上拉电阻的情况下,当另一端接地时还是低电平呢? 其原理跟水流其实很类似,内部和外部,只要有一边是低电位,那么电流就会顺流而下,由于只有上拉电阻,下边没有电阻分压,直接到 GND 上了,所以不管另外一边是高还是低,电平肯定就是低电平了。从上面的分析就可以得出一个结论,这种具有上拉的准双向 I/O 口,如果要正常读取外部信号的状态,首先必须得保证自己内部输出的是 1,如果内部输出的是 0,则无论外部信号是 1 还是 0,这个引脚读进来的都是 0。

那么在进行电路设计的时候,又该如何选择合适的上、下拉电阻的阻值?

(1)从降低功耗的方面考虑应当足够大,因为电阻越大,电流越小;

(2)从确保足够的引脚驱动能力考虑应当足够小,因为电阻小了,电流才能大。

综合考虑各种情况,常用的上、下拉电阻值大多选取为 1 kΩ ~ 10 kΩ,具体多大要根据实际需求来选,通常情况下在标准范围内就可以,不一定是一个固定的值。

3.2 C 语言相关知识点

3.2.1 C 语言知识点——形参和实参

通过 2.2.9 小节的学习可知,通过 delay() 函数达到延时的目的,delay() 函数在进行函数调用的时候,不需要任何参数传递,所以函数定义和调用时括号内空,但是更多的时候需要在主调函数和被调用函数之间传递参数。在调用一个有参数的函数时,函数名后边括号中的参数叫作实际参数,简称实参。而被调用的函数在进行定义时,括号中的参数叫作形式参数,简称形参。

在本小节实例中,子函数"void delay(unsigned int cnt)"中的"cnt"称为形参,形参中一定要有参数的类型,如"unsigned int"。在主函数 main() 中的"delay(5);"中的"5"为实参,因为在本例中需要延时 5 ms,写"5"即可,如延时 1 000 ms,即写"delay(1000);"即可。数值传递过程如图 3.6 所示,当执行到 delay(5) 时,数值 5 传递给子函数 delay 中的变量 cnt,那么 for 循环中的 cnt 变成 5,整个 delay 函数执行 183 × 5 次空循环达到延时 5 ms 的目的。

演示程序虽然很简单,但是函数调用的全部内容都囊括在内。主调函数 main 和被调函数 delay 之间的数据通过形参和实参发生了传递关系,而函数运算完后把值传递给了变量 cnt,函数只要不是 void 类型,就都会有返回值,返回值类型就是函数的类型。关于形参和实参,还有以下几点需要注意。

(1)函数定义中指定的形参,在未发生函数调用时不占内存,只有函数调用时,函数中的形参才被分配内存单元。在调用结束后,形参所占的内存单元也被释放。

```
void main()
{
    while(1)
    {
        if(KEY1 == 0)
        {
            delay(5);
            if(KEY1 == 0)
            {
                LED_Show1();
            }
            while(!KEY1);
        }
        if(KEY2 == 0)
        {
            delay(5);
            if(KEY2 == 0)
            {
                LED_Show2();
            }
            while(!KEY2);
        }
    }
}
```

图 3.6　函数值传递过程

（2）实参可以是常量,也可以是简单或者复杂的表达式,但是要求它们必须有确定的值,在调用发生时将实参的值传递给形参。

（3）形参必须指定数据类型,与定义变量一样,因为它本来就是局部变量。

（4）实参和形参的数据类型应该相同或者赋值兼容。与变量赋值一样,当形参和实参出现不同类型时,则按照不同类型数值的赋值规则进行转换。

（5）主调函数在调用函数之前,应对被调函数做原型声明。

（6）实参向形参的数据传递是单向传递,不能再由形参回传给实参。也就是说,实参值传递给形参后,调用结束,形参单元被释放,而实参单元仍保留并且维持原值。

3.2.2　if 语句

if 语句有两个关键字:if 和 else,两个关键字翻译过来就是:"如果"和"否则"。if 语句一共有三种格式,我们分别介绍。

1. if 语句的默认形式

```
if（条件表达式）
{
    语句1;
}
```

其执行过程:if(即如果)条件表达式的值为"真",则执行语句 1;如果条件表达式的值为"假",则不执行语句 1。

C 语言一个分号表示一条语句的结束,因此如果 if 后边只有一条执行语句,则可以省略大括号;但是如果有多条执行语句,就必须加上大括号,初学者建议加上大括号。

在例程中有以下程序:

```
if(KEY = = 0)
{
    语句;
}
```

当 KEY 的值等于 0 的时候,括号里的值才是"真",那么就执行"语句";当 KEY 的值不等于 0 的时候,括号里的值是"假",那么就不执行"语句"。

2. if...else 语句

有些情况下,除了要在括号里条件满足时执行相应的语句外,在不满足该条件的时候,也要执行一些另外的语句,这时候就用到了 if...else 语句,它的基本语法形式是:

```
if(条件表达式)
{
    语句1;
}
else
{
    语句2;
}
```

3. if...else if 语句

if...esle if 语句是一个二选一的语句,或者执行 if 分支后的语句,或者执行 else 分支后的语句。还有一种多选一的用法就是 if...else if 语句。它的基本语法格式是:

```
if(条件表达式 1){语句 1;}
else if(条件表达式 2){语句 2;}
else if(条件表达式 3){语句 3;}
......
else {语句 n;}
```

if...else if 语句执行过程是:依次判断条件表达式的值,当出现某个值为"真"时,则执行相对应的语句,然后跳出整个 if 的语句块,执行"语句 n"后面的程序;如果所有的表达式都为"假",则执行 else 分支的"语句 n"后,再执行"语句 n"后边的程序。if 语句在 C 语言编程中使用频率很高,用法也不复杂,必须熟练掌握。

3.2.3 数组概念

数组是具有相同数据类型的有序数据的组合,一般来讲,数组定义后满足以下三个条件:

(1)具有相同的数据类型;

(2)具有相同的名字;

(3)在存储器中是被连续存放的。

数组的数据声明格式如下。

数据类型数组名[数组长度];

(1)数组的数据类型声明的是该数组的每个元素的类型,即一个数组中的元素具有相同的数据类型。

（2）数组名的声明要符合 C 语言固定的标识符的声明要求，只能由字母、数字、下划线这三种符号组成，且第一个字符只能是字母或者下划线。

（3）方括号中的数组长度是一个常量或常量表达式，并且必须是正整数。

例如"char day[6] = {1,7,2,3,4,5};"表示字符 1,7,2,3,4,5 组成了一个数组，类型为字符型，数组名为 day，"6"表示数组中的组员个数为 6，注意 day[0]的值为 1，day[1]的值为 7，day[2]的值为 2，day[3]的值为 3，day[4]的值为 4，day[5]的值为 5，数组的下标从 0开始到 5 结束，如图 3.7 所示。

day[0]	day[1]	day[2]	day[3]	day[4]	day[5]
1	7	2	3	4	5

图 3.7　字符存放结构图

当定义一个数组为"int day[6] = {1,7,2,3};"时，6 表示元素的个数，但大括号里的元素只有 4 个，此时默认的元素还有 2 个零在数字 3 后面，即{1,7,2,3,0,0}。

当定义一个数组为"int day[] = {1,7,2,3};"时，中括号里面没有元素，此时元素个数由大括号里的元素个数决定，即为 4。

数组初始化总结：

（1）初值列表里的数据之间要用逗号隔开。

（2）初值列表里的初值的数量必须小于或等于数组长度，当小于数组长度时，数组的后边没有赋初值的元素由系统自动赋值为 0。

（3）若给数组的所有元素都赋初值，那么可以省略数组的长度。

（4）系统为数组分配连续的存储单元的时候，数组元素的相对次序由下标来决定。

【应用演练】

3.3　按键应用实例分析

3.3.1　单个按键控制 LED

```
#include <reg52.h>
sbit KEY = P3^4;
sbit LED = P0^7;
void delay(unsigned int cnt);
void main()
{
    while(1)
```

```
    {
        if(KEY = = 0)//判断 KEY 的值是否等于 0
        {
            delay(5);//延时 5ms
            if(KEY = = 0)
            {
                LED = ~LED;//LED 状态取反
            }
            while(! KEY);//判断按键是否松开
        }
    }
}
void delay(unsigned int cnt)
{
    unsigned int i , j;//变量 i , j 的范围均为 0 ~65535
    for(i =0;i <183;i + +)
    {
        for(j =0;j < cnt;j + +);
    }
}
```

（1）"while(! KEY);"用来判断按键是否松开,设未松开,KEY 的值为 0,"!"取反,通过对 while 语句的分析知 while(! KEY);一直处于死循环,执行空语句,直到松手后,KEY 的值为 1,取反后为 0,跳出 while 循环。

（2）C 语言中"!"是逻辑运算符,表示非,即非 0 是 1,非 1 是 0;"~"表示按位取反。例如"! 0x01"为 0," ~0x01"为 0xFE。

（3）再次强调延时函数延时的 1 000 ms 和 5 ms 非准确的延时,但误差较小,准确的延时将在下一项目中讲解。delay 函数中的"i"循环次数为什么是 183,将在仿真项目中具体解释。

3.3.2 多个按键控制 LED

```
#include <reg52.h>
sbit KEY1 = P3 4;
sbit KEY2 = P3 5;
#define LED P0
Unsigned char table1[15] = {0XEF,0XDF,0XBF,0X7F,0X00,0XFF,0X00,0XFF,0XDB,
0XBD,
0X7E,0X00,0XFF,0X00,0XFF};
unsignedchartable2[] = {0XEF,0XDF,0XBF,0X7F,0XEF,0XDF,0XBF,0X7F,0XFF,0X00,
0XFF,0X7F,0XBF,0XDF,0XEF,0XF7,0XFB,0XFD,0XFE,0XFF,0x01};
void LED_Show1();
```

```c
void  LED_Show2();
void delay(unsigned int cnt);
void main()
{
    while(1)
    {
        if(KEY1 = = 0)
        {
            delay(5);
            if(KEY1 = = 0)
            {
                LED_Show1();
            }
            while(! KEY1);
        }
        if(KEY2 = = 0)
        {
            delay(5);
            if(KEY2 = = 0)
            {
                LED_Show2();
            }
            while(! KEY2);
        }
    }
}
void  LED_Show1()
{
    unsigned char i =0;
    for(i =0;i <15;i + +)
    {
        LED = table1[i];
        delay(100);
    }
}
void  LED_Show2()
{
    unsigned char j =0;
    while(table2[j]! =0x01)
    {
        LED = table2[j];
```

```
        delay(80);
        j + +;
    }
}

void delay(unsigned int cnt)
{
    unsigned int i , j;//变量 i , j 的范围均为 0 ~ 65535
    for(i = 0;i < 183;i + +)
    {
        for(j = 0;j < cnt;j + +);
    }
}
```

（1）数组 table1 中有 15 个元素，在 LED_Show1（）函数中通过循环 15 次来依次读取数据，如果数组中元素较多则使用不方便，在数组中增减元素会使整个程序修改较多处，推荐使用 LED_Show1（）方式。

（2）"LED_Show2（）"函数通过 while 循环来检测是否有"0X01"元素，一旦检测到停止运行，读者可以在数组 table2 中看到最后一个元素为"0X01"，称为结束标志符。结束标志符可以任意定义一个十六进制数，但不能与前面元素重复！

【能力拓展】

3.4　思考与练习题

1. 灵活运用有参函数，达到延时不同时间的目的；
2. 掌握编写按键程序，结合 LED 实现各种功能；
3. 掌握本小节涉及的 C 语言语法和语句。

【趣味小贴士】

51 单片机名字的由来

当年英特尔公司出了很多芯片，第一款单片机时就给出了 8031 的编号，具体分为"80""31"，80 所指不清，极可能是 INTEL 的业界代号；31 是一个顺序编号，3 是一类，后期在此基础上小改就叫 32，33，34，大改就叫 41，51，61，…，所以 51 就是 8031 单片机后第 3 个类型的单片机了。

后来英特尔公司把 51 单片机的详细资料给了各大芯片厂家，于是就有了今天 51 单片机。人们为了感谢英特尔，在出单片机时都保留了 51 的编号，甚至保留 8051 的名称，各个公司再在后面加后缀。

第4章　定时器和中断概念的基本认识

在单片机开发过程中免不了会有时间的概念,比如需要控制单片机5 min 后运行,那么问题来了,单片机怎么知道 5 min 时间到了,它认为的5 min 跟一般意义上的 5 min 是一样的吗,带着这些问题一起来看看吧……

【教学导航】

教	知识重点	1. 定时器的基本概念; 2. 定时的计算; 3. 与、或和 swtich 等 C 语言概念
	知识难点	1. 定时器的定时原理 2. 中断概念的理解
	推荐教学方法	通过生活实例引入时间的概念,结合单片机的用途引出定时器,介绍定时器的相关原理后,补充中断的知识点,在此基础上引入 swtich 等 C 语言概念,实现定时器的定时功能
	思政教学	严谨的求知精神
	建议学时	4 ~ 5 课时
学	推荐学习方法	课前查阅定时器相关资料,了解定时器基本原理;查询 C 语言与、或和 swtich相关控制语句
	需掌握理论知识	1. 定时器应用场合及定时原理; 2. 掌握查看定时器相关寄存器原理
	需掌握基本技能	1. 定时器的概念; 2. 函数的应用及意义; 3. 使用 swtich 等 C 语言
	技能目标	掌握定时器定时原理,实现定时器定时功能

【基础知识】

4.1 数码管基础知识

4.1.1 定时器的基本概念

标准的 51 单片机有 T0 和 T1 两个定时器,52 单片机多一个 T2 定时器,其余跟 51 单片机一样,通常情况下把 51 和 52 单片机统称为 51 单片机。

举例说明定时器工作的基本原理。假设一个水瓶的容量为 65 536 mL,现在以 1 mL/s 的速度向水瓶里滴水,那么需要 65 536 s 才能将水瓶滴满,再滴一滴水就会溢出。从这个例子中我们可以得到的启发是只要速度一定,就可以根据滴的次数知道时间。假设现在需要定时 30 000 s,只需向空瓶子里滴 30 000 滴水即可,但却需要有人一直盯着水滴并计数。其实还有更好的办法,即预先往水瓶里滴 35 536 mL 的水,再往水瓶里滴水,只要发现水瓶里的水溢出,就表示 30 000 s 的时间到了。定时器的工作方式亦是如此。使用定时器前我们首先了解相关寄存器,如表 4.1 和表 4.2 所示。

表 4.1 定时器/计数器 0 和 1 的相关寄存器

符号	描述	地址	位地址及其符号 MSB							LSB	复位值
TCON	定时器控制寄存器	88H	TF1	TR1	TF0	TR0	IE1	IT1	IE0	IT0	0000 0000B
TMOD	定时器模式寄存器	89H	GATE	C/T̄	M1	M0	GATE	C/T̄	M1	M0	0000 0000B
TL0	Timer Low 0	8AH									0000 0000B
TL1	Timer Low 1	8BH									0000 0000B
TH0	Timer High 0	8CH									0000 0000B
TH1	Timer High 1	8DH									0000 0000B

表 4.2 寄存器 TCON 各位定义(可位寻址)

SFR name	Address	bit	D7	D6	D5	D4	D3	D2	D1	D0
TCON	88H	name	TF1	TR1	TF0	TR0	IE1	IT1	IE0	IT0

本章以配置定时器 T0 为例,首先了解寄存器 TCON 各个位的含义。

TF1:定时器/计数器 T1 溢出标志。T1 被允许计数以后,从初值开始加 1 计数。当最高位产生溢出时由硬件置"1",向 CPU 请求中断,一直保持到 CPU 响应中断时,才由硬件清"0"(TF1 也可由程序查询清"0")。

TR1:定时器 T1 的运行控制位。该位由软件置位和清零。TR1 = 1 时允许 T1 开始计数,TR1 = 0 时禁止 T1 计数。

TF0:同理于 TF1,TF1 是针对定时器/计数器 T1,TF0 是针对定时器/计数器 T0。

TR0:同理于 TR1,TR1 是针对定时器 T1,TF0 是针对定时器 T0。

寄存器 TMOD 各位功能描述见图 4.1,定时器 T0 寄存器中 M1/M0 工作模式见表 4.3。

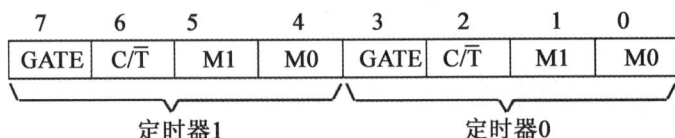

7	6	5	4	3	2	1	0
GATE	C/$\overline{\text{T}}$	M1	M0	GATE	C/$\overline{\text{T}}$	M1	M0

定时器1   定时器0

图 4.1   寄存器 TMOD 各位功能描述(不可位寻址)

表 4.3   定时器 T0 寄存器中 M1/M0 工作模式

M1	M0	模式	功能描述
0	0	0	13 位定时器/计数器,兼容 8048 定时模式,TL0 只用低 5 位参与分频,TH0 整个 8 位全用
0	1	1	16 位定时器/计数器,TL0、TH0 全用
1	0	2	8 位自动重装载定时器,当溢出时将 TH0 存放的值自动重装入 TL0
1	1	3	定时器/计数器 0 此时无效(停止计数)

定时器 T0 常用的模式有模式 1 和模式 2,模式 2 常用在串口通信中,本章中以模式 1 为主。注意寄存器 TCON 可以寻址,寄存器 TMOD 不可位寻址。寻址的意思是可以单独操作寄存器中的某一位,例如寄存器 TCON 中的第四位 TR0 可以取出来单独赋值,进行 TR0 = 1 或者 TR0 = 0 操作,但寄存器 TMOD 不可单独操作某个位,只能进行整体赋值,例如 TMOD = 0x01。

定时器内容较为丰富,建议大家阅读官方数据手册。下面列出了定时器需要用到的寄存器,仅供参考。

采用查询法配置定时器的步骤:

(1)通过配置定时器 TMOD 确定定时模式;

(2)将计算得到的初值装载到 TH0 和 TL0;

(3)通过配置 TR0 启动定时器 0;

(4)判断标志位 TF0,如 TF0 为 1 表示溢出,可以通过软件方式清零再重新进行监测。

4.1.2   定时器的定时计算

时钟周期定义为时钟脉冲的倒数(时钟周期就是单片机外接晶振的倒数,例如 12 MHz 的晶振,它的时间周期就是 1/12 000 000),是计算机中最基本的、最小的时间单位。

机器周期是指完成一个基本操作所需要的时间。机器周期主要针对汇编语言而言,在汇编语言下程序的每一条语句执行所使用的时间都是机器周期的整数倍,而且语句占用的时间是可以计算出来,而 C 语言一条语句的时间是确定的。51 单片机系列在其标准架构下一个机器周期是 12 个时钟周期,也就是 12/11 059 200 s。现在有不少增强型的 51 单片机,其速度都比较快,有的 1 个机器周期等于 4 个时钟周期,有的 1 个机器周期就等于 1 个时钟周期,也就是说大体上其速度可以达到标准 51 架构的 3 倍或 12 倍。本章中使用的是标准的 51 单片机,机器周期是 12 个时钟周期。

定时器和计数器是单片机内部的同一个模块,通过配置 SFR(特殊功能寄存器)可以实现两种不同的功能,大多数情况下是使用定时器功能,因此也主要来讲定时器功能,计数器功能大家自己了解下即可。

配套的单片机学习版采用的是 12 MHz 的无源晶振,那么时钟周期为 1/12 000 000,机器周期为 12/12 000 000,假设定时 20 ms,那么需要的机器周期为 $0.02/(12/12\ 000\ 000) = 20\ 000$ 个,根据 2.1 节讲解的需要在定时器预装 $65\ 536 - 20\ 000 = 45\ 536$ 个值,因为采用的定时模式 1,将 45 536 化为十六进制装载到寄存器 TH0 和 TL0 中,$45\ 536/256 = 177$,$45\ 536\ \%\ 256 = 244$,将 177 转化为十六进制 0XB1 装载到 TH0,将 244 转化为十六进制 0XF4 装载到 TL0。

同理可以计算出 16 位寄存器最大能定时 $65\ 536 \times (12/12\ 000\ 000) \approx 65$ ms,一般来说定时的时间尽量取 0～65 ms 中间值,如本例中定时器配置的定时为 20 ms,如需定时 1 s,只要定时循环 50 次即可。读者可以计算下定时 50 ms 需要多大的装载初值。

注意:当采用 11.059 2 MHz 晶振时,采用类似的计算方式。

4.2 C 语言相关知识点

4.2.1 C 语言——"|""&"

对不可寻址的寄存器需要同时处理 8 个位,例如采用定时器 0 的模式 1(M1 = 0,M0 = 1),配置寄存器 TMOD = 0x01,该配置虽然正确配置了第 0、1 位,同时也改变了第 2 到第 7 位,因此希望通过某种操作方式只改变第 0、1 位。在实际操作过程中采用 TMOD = TMOD&0XFC,TMOD = TMOD|0X01,看似更为复杂,其实逻辑更为严谨。

运算符"|"表示"按位或",例如"1|1"为 1,"1|0"为 0,"0|1"为 1,"0|0"为 0,可见 1 "或"任何数都为 1,0"或"0 才为 0。

运算符"&"表示"按位与",例如"1&1"为 1,"1&0"为 0,"0&1"为 0,"0&0"为 0,可见 0 "与"任何数都为 0,1"与"1 才为 1。

4.2.2 中断系统

CPU 正在运行时,若外界发出了紧急事件请求,则 CPU 会暂停当前工作,处理这个紧急事件,处理完以后,再回到原来被中断的地方继续原来的工作,这样的过程称为中断。向 CPU 请求中断的源称为中断源。中断系统一般允许多个中断源,当几个中断源同时向 CPU 请求中断时,有个优先响应的问题,如表 4.4 所示,在部分只涉及定时器 0 和定时器 1 的中断。

表 4.4　中断优先查询次序

中断号	中断源	查询次序
0	$\overline{\text{INT0}}$	(highest)
1	Timer0	↓
2	$\overline{\text{INT1}}$	
3	Timer1	
4	UART	
5	Timer2	
6	$\overline{\text{INT2}}$	
7	$\overline{\text{INT3}}$	(lowest)

以生活中的事件为例:小明在家看电视,突然听到敲门声,按下电视遥控器的暂停键去开门,开完门后继续看电视,这就是中断,也是最常用的中断形式;又如,小明在家看电视,突然听到敲门声,按下电视遥控器的暂停键再去开门,刚走到门口突然听到厨房里水开的声音,急忙跑到厨房把电源关了,再去开门,开完门后继续看电视,这是嵌套中断,在"开门"这个中断源里又有"关电源"这个中断源,小明会根据事情的轻重缓急决定优先处理哪个事件,单片机也是如此。

采用中断系统需编写中断函数,例如采用定时器 0,中断函数为"void InterruptTimer0( )interrupt 1",它的格式为"void 变量名( ) interrupt 1",变量名后的括号里"void"可写可不写,其余部分要按照规范写,如图 4.2 所示。一般将中断函数放在程序的末尾,函数名不需要进行声明。

void	Int0 – Routine(void)	Interrupt0
void	Timer0 – Rountine(void)	Interrupt1
void	Int1 – Routine(void)	Interrupt2
void	Timer1 – Rountine(void)	Interrupt3
void	UART – Rountine(void)	Interrupt4
void	Timer2 – Rountine(void)	Interrupt5
void	Int2 – Routine(void)	Interrupt6
void	Int3 – Routine(void)	Interrupt7

图 4.2　C 语言优先中断查询函数

如表 4.5 所示,介绍常用的控制位。

表 4.5　中断允许寄存器(可位寻址)

SFR name	Address	bit	D7	D6	D5	D4	D3	D2	D1	D0
IE	A8H	name	EA	—	ET2	ES	ET1	EX1	ET0	EX0

EA:CPU 的总中断允许控制位,EA=1,使能总中断;EA=0,关闭总中断。

ET0:T0 的溢出中断允许位。ET0=1,允许 T0 中断;ET0=0,禁止 T0 中断。

ES:串行口 1 中断允许位。ES=1,允许串行口 1 中断;ES=0,禁止串行口 1 中断。

IE 中断允许寄存器在本项目中只要用到了第 1 位和第 7 位,定时器常配合中断使用,因此要用使能位 EA 和 ET0,同时也介绍了第 4 位 ES,因为在串口中断中也会用到。

4.2.3 全局变量和局部变量

1. 全局变量

在所有函数外部定义的变量称为全局变量,它的作用域贯穿整个程序。全局变量定义必须在所有函数之外。在 3.3.2 小节程序中定义的 table1[15],变量定义在主函数和子函数之外。在同一源文件中,允许全局变量和局部变量同名,在局部变量作用域内,同名的全局变量不起作用。

2. 局部变量

函数内部的变量称为局部变量,它的作用域仅限于函数内部,该函数结束后里面的变量也无效了。不同函数里面局部变量可以同名,分配不同的存放单元,互不相干,对于初学者编者建议尽量使用不同变量名。

由于定义全局变量会永久占用单片机内存单元,局部变量只有在具有该变量的函数使用时才会占用内存,使用完该函数后会自动释放内存,因此编者建议尽量使用局部变量。

在 4.3.2 小节实验中,Key_Scan() 函数中有"static unsigned char cnt1=0xFF"语句,把"cnt1"叫作静态局部变量,若没有"static"这个关键字,"unsigned char cnt1=0xFF"语句中的"cnt1"叫作局部变量。举例说明,变量 cnt1 在 Key_Scan() 函数作用后变成 0xAA,那么 Key_Scan() 被调用完成后释放内存空间,在下次调用 Key_Scan() 时,变量 cnt1 又恢复到初值 0xFF,但是我们不希望变成初值,而是希望执行上一次函数执行结束后的值 0xAA,那么在不使用全局变量的情况下可以通过添加"static"关键字实现。

4.3 定时器和按键中断法应用实例分析

4.3.1 查询法定时

```
#include <reg52.h>
sbit LED = P0^4;
void main()
{
    unsigned char cnt =0;
    TMOD &= 0XFC; //TMOD = TMOD&0XFC 可以简写成 TMOD &= 0XFC
    TMOD |= 0X01; //TMOD = TMOD|0X01 可以简写成 TMOD |= 0X01
    TH0  = 0XB1 ;//定时 20ms
```

```
    TL0 = 0XF4;
    TR0 = 1;//启动定时器,TR 为 Time Run
    while(1)
    {
        if(1 = = TF0)//检测标志位是否为1,TF 为 Time Flag
        {
            TF0 = 0;//标志位要及时复位,方便下次计时
            TH0 = 0XB1;//重新加载初值
            TL0 = 0xF4;
            cnt + +;
            if(cnt > = 50)
            {
                cnt = 0;
                LED = ~LED;
            }
        }
    }
}
```

（1）本部分采用 delay 函数延时的方式来闪烁 LED,虽然与本小节的实验现象一致,但是有根本性区别。delay 函数在延时过程中占用了大量 CPU 资源,因此其他函数不能运行,如果模块较多会造成信号堵塞,影响其他功能运行。定时器是由独立的模块运行的,不占用 CPU 资源,可以让单片机做更多的事,因此在以后项目中尽量采用定时器定时。

（2）定时器模式 1 在发生溢出后会自动清空初值,因此在每次计数时要重新加载初值。

（3）"1 = = TF0"也可以写成"TF0 = = 1",因为该语句的含义是判断 TF0 是否为 1,如果写成"TF0 = = 1"方式,有可能写成"TF0 = 1",这样虽然程序不会报错,但是语句是有问题的;如果写成"1 = = TF0",那么如果漏了一个等号写成"1 = TF0",程序会直接报错,这种方式方便读者查错。

（4）如果采用变量进行计数,如小节中的 cnt,一定要及时清零。

（5）TMOD、TH0、TR0 等一些定时器相关的变量都在头文件中进行过定义,因此不需要重新定义。

4.3.2　按键中断法

```
#include < reg52 .h >
sbit LED1 = P0^4;
sbit LED2 = P0^5;
sbit KEY1 = P3^4;
sbit KEY2 = P3^5;
unsigned char KeyNum = 0;
```

```c
unsigned char KeyLock1 = 0;  //按键1的标志位
unsigned char KeyLock2 = 0;  //按键2的标志位
void KEY_Scan();
void KEY_Action();
void main()
{
    EA = 1; //打开总中断
    TMOD & = 0XFC;
    TMOD |= 0X01;
    TH0 = (65536 - 2000)/256;  //定时2ms
    TL0 = (65536 - 2000)% 256;
    ET0 = 1;
    TR0 = 1;
    while(1)
    {
        KEY_Action();
    }
}
void KEY_Scan()
{
    static unsigned char cnt1 = 0xFF;
    static unsigned char cnt2 = 0xFF;
    cnt1 = (cnt1 < <1) |KEY1;  //a语句
    cnt2 = (cnt2 < <1) |KEY2;
    if(cnt1 ! = 0x00)  //b语句
    {
        KeyLock1 = 0;  //c语句
    }
    else if(KeyLock1 = =0)  //检测到按键按下状态且第一次按下
    {
        KeyNum = 1;
        KeyLock1 = 1;  //防止重复触发
    }
    if(cnt2 ! = 0x00)
    {
        KeyLock2 = 0;
    }
    else if(KeyLock2 = =0)
    {
        KeyNum = 2;
        KeyLock2 = 1;
```

```
        }
    }
    void KEY_Action()
    {
        switch(KeyNum)
        {
            case 1:LED1 =! LED1; KeyNum = 0;break;
            case 2:LED2 =! LED2; KeyNum = 0;break;
            default:break;
        }
    }
    void InterruptTimer0() interrupt 1
    {
        TH0 = (65536 -2000)/256;
        TL0 = (65536 -2000)%256;
        KEY_Scan();
    }
```

（1）按键操作采用定时中断的方式，有效避免了 delay 函数占用 CPU 资源，在以后的程序中推荐使用这种方式。

（2）按键定时中断的原理是将按键部分分为两部分，一部分是按键扫描 KEY_Scan() 在中断函数中每隔 2 ms 进行扫描，另一部分是按键函数 KEY_Action() 在 while 函数中不停运行等待指令执行，当 KEY_Scan() 函数检测到按键按下时，就执行 KEY_Action() 函数内容。

（3）KEY_Scan() 函数每隔 2 ms 检测变量 cnt1 是否为 0x00，0x00 表示按键按下，若检测到非按下状态，标志位 KeyLock1 为 0。若检测到按下状态且为第一次按下，则 KeyNum = 1，同时将 KeyLock1 赋值为 1，防止重复触发。注意 else if 语句一定要结合 if 理解。

（4）KEY_Scan() 中的"cnt1 = (cnt1 < <1)|KEY1"语句用来检测按键是否按下，cnt1 初值为 0b1111 1111，假设按键已稳定按下，则 KEY1 为 0，经过第一个 2 ms 后 cnt1 为 (1111 1111 < <1)|0，即 1111 1110；经过第 2 个 2 ms 后 cnt1 为 (1111 1110 < <1)|0，即 1111 1100……经过第 8 个 2 ms 后 cnt1 为 0x00，此状态法能够有效解决按键抖动问题。

（5）cnt2 同理于 cnt1。

（6）KEY_Action() 函数接收到 KeyNum 的值进行相应的动作。

【能力拓展】

4.4 思考与练习题

1. 熟练掌握定时器、中断的使用方法。

2. 掌握按键中断扫描的方法。

3. 掌握 swtich 使用方法。

【趣味小贴士】

目前为止,单片机发展功能日趋强大,已有 64 位单片机,但是 51 的 8 位单片机并未被淘汰,主要原因是 8 位单片机功能强大,已被广泛用于工业控制、智能接口、仪器仪表等各个领域,可以说,8 位单片机在中、小规模应用场合仍占主流地位,在单片机应用领域与高性能单片机一样发光发热。

第5章 数码管及其应用

以前流行戴电子数码手表,现在我们喜欢数码液晶显示,其实对于数码显示来讲,单片机的控制机理大致相同。学会数码管1~9的数字显示,就能设计数码管的时钟显示,也能在很多工控环境中,设计显示状况。从简单操作入手,很快就能得心应手……

【教学导航】

教	知识重点	1. 数码管硬件电路; 2. 段选和位选; 3. 静态和动态显示; 4. 标志位应用; 5. 按键功能函数; 6. 按键控制数码管
	知识难点	读懂原理图,实现按键控制数码管功能
	推荐教学方法	从生活实例入手,介绍数码管应用场合,引入不同类型数码管,对其功能原理进行分析,结合常用数码管实现动态和静态显示,配合按键控制实现按键控制数码管功能
	思政教学	付出与收获的关联
	建议学时	4~5课时
学	推荐学习方法	课前查阅数码管相关资料,了解数码管显示原理,掌握数码管静态和动态显示原理;查询C语言相关控制语句
	需掌握理论知识	1. 数码管硬件电路原理; 2. 段选和位选相关理论知识; 3. 标志位的应用原理
	需掌握基本技能	1. 实现数码管静态和动态显示; 2. 完成按键功能函数; 3. 实现按键控制数码管功能
	技能目标	实现按键控制数码管功能

【基础知识】

5.1 数码管基础知识

5.1.1 数码管的基本工作原理

数码管有共阳和共阴两种类型,如图 5.1 所示,当 1、6 引脚为"A"时表示共阳数码管,当 1、6 引脚为"K"时表示共阴数码管。共阳数码管所有的阳极接电源,共阴数码管所有的阴极接地。数码管的本质是 8 个 LED 灯,最上面为 a,依次按顺时针标,第 8 个 LED 为右下角的 dp,如图 5.2 所示。配套的开发板采用的是共阳数码管,假设显示数字"2",则"abged"段接低电平,即"1010 0100",转成十六进制为"0xA4",那么将 0xA4 赋值给相应端口即可。

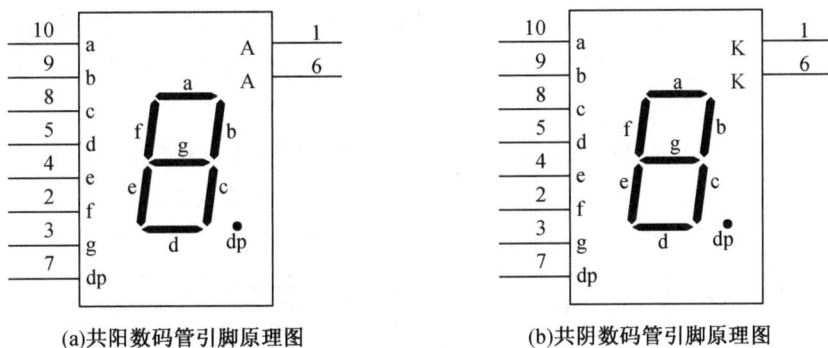

(a)共阳数码管引脚原理图　　　　　　(b)共阴数码管引脚原理图

图 5.1 数码管引脚原理图

表 5.1 中将所有字符"翻译"成了数码管相应的十六进制数值,它们属于同一个类型,可以组成一个数组。

表 5.1 共阳数码管真值表

字符	0	1	2	3	4	5	6	7
数值	0xC0	0xF9	0xA4	0xB0	0x99	0x92	0x82	0xF8
字符	8	9	A	B	C	D	E	F
数值	0x80	0x90	0x88	0x83	0xC6	0xA1	0x86	0x8E

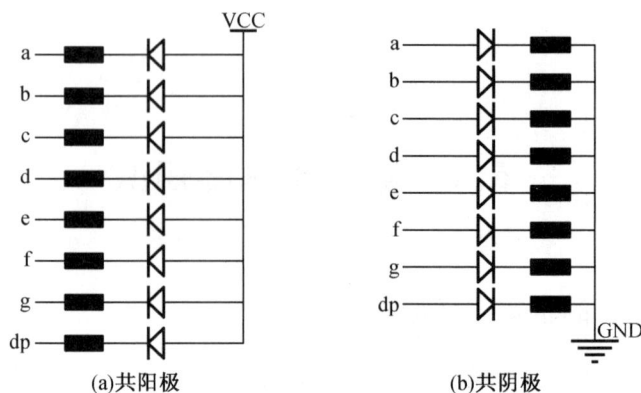

图 5.2　数码管内部结构示意图

5.1.2　段选和位选

段选表示要显示什么数值,位选决定哪个数码管显示数值,如图 5.3 所示,数码管要显示"5678",那么第 1 个数码管显示"5",第 2 个数码管显示"6",第 3 个数码管显示"7",第 4 个数码管显示"8"。显示"5""6""7""8"是由段选决定的,第 1 个数码管显示"5",第 2 个数码管显示"6"……是由位选决定的。

在配套的开发板中,由两个 74HC573 芯片分别来控制数码管的段选和位选,左边的 74HC573(U4)控制段选,右边的 74HC573(U3)控制位选,如图 5.3 所示。

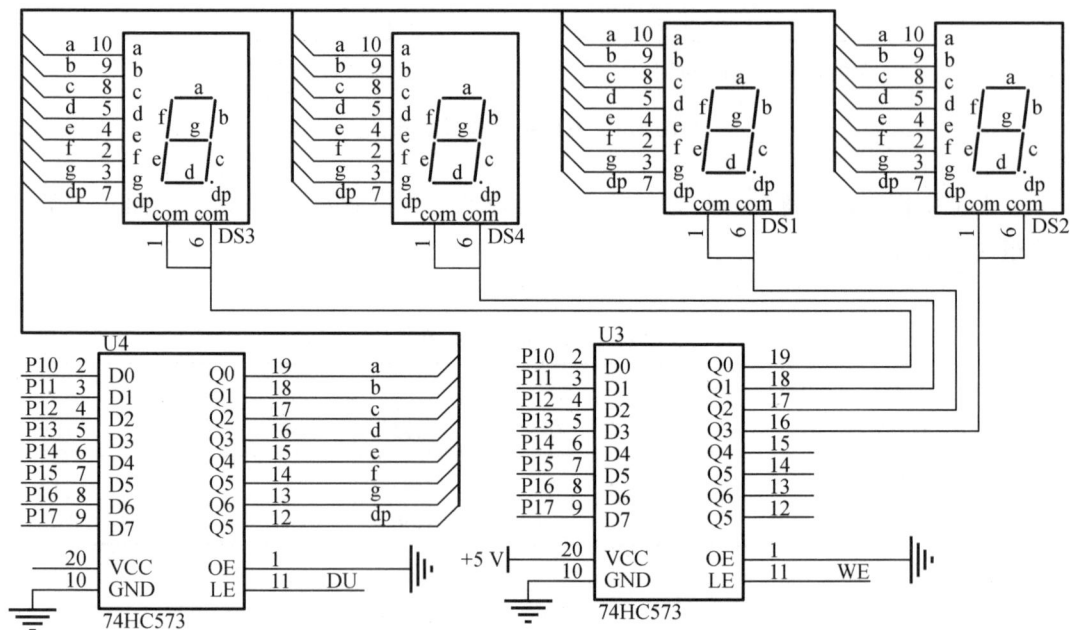

图 5.3　数码管硬件连接图

5.1.3 74HC573 芯片

数码管内部是由单个小 LED 组成。这种 LED 工作时大概需要 10 mA,由于 51 单片机电流驱动能力较弱,本开发板采用 74HC573 芯片来驱动数码管。74HC573 是拥有八路输出的透明锁存器,输出为三态门,是一种高性能硅栅 CMOS 器件,内部结构涉及的数电模电部分知识不展开讲解,具体讲解应用部分。

由表 5.2 得:OE 为高电平时,输出始终为高阻态,此时芯片处于不可控制状态,所以在设计电路时将 OE 接低电平。OE 为低电平时,若 LE 为高电平,输出端(Qn)和输入端(Dn)保持一致,因此也叫透明模式。若 LE 为低电平,Dn 上一次的状态已被锁存,不被现在输入的状态影响。74HC573 实物和原理图如图 5.4 所示。

表 5.2 芯片 74HC573 逻辑控制真值表

操作模式	控制		输入	输出
	OE	LE	Dn	Qn
使能读取寄存器(也叫透明模式)	L	H	H	H
	L	H	L	L
锁存和读取寄存器	L	L	X	Q0
锁存寄存器和禁用输出	H	X	X	Z

注:H = 高电平;L = 低电平;Q0 = 上次锁存状态;X = 高电平或低电平;Z = 高阻态。

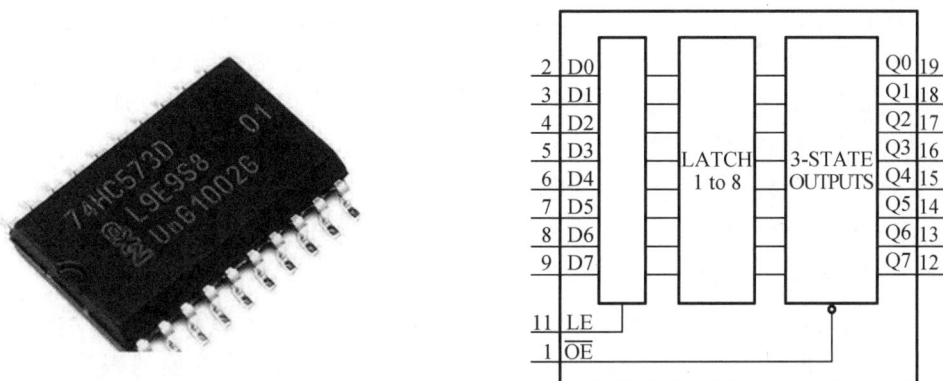

图 5.4 74HC573 实物和原理图

【趣味小贴士】

目前单片机的种类很多,有 51、AVR、PIC、arm、STC 等,让人眼花缭乱。到底学哪个好呢? 作者认为 51 是初学者必学的:第一,它是最经典、应用最广泛的单片机;第二,芯片便宜,购买容易,小的电子城就能买到它;第三,芯片的性能可以满足初学者的需求,如果你感到 51 不能满足你的要求了,相信那一天你已经成为高手了!

5.2　数码管的应用

5.2.1　数码管的静态显示

数码管的静态显示并不是指静止不动,而是指只使能一个数码管,比如让第 1 个数码管显示"5"则为静态显示,若第 1 个数码管显示"5",再过 1 s 显示"6",再过 1 s 显示"7",……,再过 1 s 最终显示"9",虽然这个状态类似在"动",但还是叫作静态显示,因为只使能了一个数码管。

5.2.2　数码管的动态显示

接上面的实例,再过 1 s 显示"10",再过 1 s 显示"11"……此后的过程均为动态显示。这是因为在一个时刻内先后使能了 2 个数码管,虽然我们看到的是数字"10",本质上是先使能一个数码管,再使能另一个数码管,只要时间间隔小于 10 ms,肉眼根本区分不开,感觉是在同时显示。

5.3　C 语言相关知识点

前边课程定义变量的时候,一般用到 unsigned char 或者 unsigned int 这两个关键字,这样定义的变量都是放在单片机的 RAM 中,在程序中可以随意去改变这些变量的值。还有一种数据,在程序中要使用,但是却不会改变它的值,定义这种数据时可以加一个 code 关键字,这个数据就会存储到程序空间 Flash 中,这样可以大大节省单片机 RAM 的使用量,毕竟单片机 RAM 空间比较小,而程序空间则大得多。现在要使用的数码管真值表,只会使用它们的值,而不需要改变它们,就可以用 code 关键字把它放入 Flash 中。

1. C 语言——swtich 语句

if...else 语句用于条件的判断,在条件较多时一般采用 swtich 语句,如下所示。在 switch 语句中有四个关键字,分别为 switch、case、default 和 break。当 switch 后的表达式满足某个 case 后的常量表达式时,运行该 case 以后的语句块。注意每个 case 后面都需要 break,表示跳出 swtich 语句。default 表示当表达式没有匹配的 case 时,运行 default 后的语句块。

```
switch(表达式)
{
    case 常量表达式 1:执行语句;break;
    case 常量表达式 2:执行语句;break;
case 常量表达式 3:执行语句;break;
    case 常量表达式 4:执行语句;break;
    default:执行语句;break;
}
```

【应用演练】

5.4 数码管应用实例分析

5.4.1 数码管静态显示

```
/* * * * * * * * * * * * * * * * * * * * * * * * * * * * * *
实验功能:
数码管静态显示字符 5
重复循环
实验现象:
第一个数码管显示字符 5,其他 3 个数码管未显示

* * * * * * * * * * * * * * * * * * * * * * * * * * * * * */
```

```c
#include < reg52.h >
#define DataPort P1
sbit DU = P3^3;
sbit WEI = P3^2;
void main()
{
    while(1)
    {
        DataPort = 0x92;//显示字符5
        DU = 1;
        DU = 0;
        DataPort = 0x01;//选中第一位
        WEI = 1;
        WEI = 0;
    }
}
```

（1）程序进入主函数之后直接进入 while 循环。在 while 语句中,首先把传送的数据 0x92 准备好,打开 LE(DU)控制端,再关闭 LE(DU)控制端,可以将要显示的数据送入。由于功能不同,U3 的 LE(WEI)控制端用来控制位选,U4 的 LE(DU)控制端用来控制段选。

（2）也可以先打开 LE 控制端,传入数据,再关闭 LE 控制端。读者要勇于尝试各种方法观察实验现象。

5.4.2 数码管倒计时

```
/ * * * * * * * * * * * * * * * * * * * * * * * * * * * * * * * *
```
实验功能：

当数码管计数到 0 时点亮所有 LED

实验现象：

数码管从数字 15 开始倒计时,计数到 0 时 LED 全亮
```
      * * * * * * * * * * * * * * * * * * * * * * * * * * * * * * * * */
```

```c
#include < reg52 .h >
#define uchar unsigned char
#define uint unsigned int
sbit DU = P3^3;
sbit WEI = P3^2;
bit LightFlag = 1;
uchar code DuanMa[] = {0xC0,0xF9,0xA4,0xB0,0x99,0x92,0x82,0xF8,0x80,0x90,
0x88,0x83,0xC6,0xA1,0x86,0x8E};
uchar code WeiMa[] = {0xfe,0xfd,0xfb,0xf7};
uchar LightBuf[] = {0xFF,0xFF};
void Light_Scan();
uint cnt;
void main()
{
    uint num =15;
    EA =1;
    TH0 = (65536 -2000)/256;//定时 2ms
    TL0 = (65536 -2000)% 256;
    TMOD & =0xFC;
    TMOD | =0x01;
    ET0 = 1;
    TR0 = 1;
    while(1)
    {

        if(LightFlag = = 1)
        {
            LightFlag = 0;
            num - -;
            LightBuf[0] = DuanMa[num% 10];
            LightBuf[1] = DuanMa[num/10% 10];
```

```
        }
        if(num = = 0)
        {
            P0 = 0X00;
            TR0 = 0;
        }
    }
}
void Light_Scan()
{
    static uchar i = 0;
    //P1 = 0xFF;
    switch (i)
    {
        case 0:P1 = 0x08;WEI = 1;WEI = 0;DU = 1;P1 = LightBuf[0];DU = 0; i + +;
break;
        case 1:P1 = 0x04;WEI = 1;WEI = 0;DU = 1;P1 = LightBuf[1];DU = 0; i = 0;
break;
        default:  break;
    }
}
void InterruptT0() interrupt 1
{
    TH0 = (65536 - 2000)/256;//定时 2ms
    TL0 = (65536 - 2000)% 256;
    Light_Scan();
    cnt + +;
    if(cnt > = 500)
    {
        cnt = 0;
        LightFlag = 1;
    }
}
```

（1）定义的变量一般都存放在 RAM 中，可以任意改变，但 DuanMa[ ]的变量不需要改变，为了节省 RAM 空间，将 DuanMa[ ]变量存放在 Flash 中，只需在变量名前加上 code 即可，code 是对于 51 单片机操作。

（2）定时函数里每隔 2 ms 对数码管进行扫描，当循环 500 次后使能标志位 LightFlag，表示 1 s 到了，在主函数接收到 LightFlag 为 1 时，数字递减 1，再进行显示。

（3）"LightBuf[0] = DuanMa[num% 10]；LightBuf[1] = DuanMa[num/10% 10]"表示将两位数分离出来，将十位放在 LightBuf[1]中，个位放在 LightBuf[0]中，数组 LightBuf 称为缓

冲器,会每隔 2 ms 将数据送入 P1 口显示。

（4）"Light_Scan( )"中通过 switch 语句每隔 2 ms 执行一条 case 语句,注意 i 为静态变量,每次调用完 Light_Scan( )都会保存上次 i 的值。

（5）灵活应用标志位,标志位为联系两个函数的纽带。

5.4.3　按键控制数码管显示

/ *

实验功能:

按键 K1 按下加 1 操作;按键 K2 按下减 1 操作;

数字在数码管显示

实验现象:

通过按下 K1 键,数码管字符数字会加 1;通过按下 K2 键,数码管字符数字会减 1

* */

```c
#include < reg52.h >
#define uchar unsigned char
#define uint unsigned int
sbit DU = P3^3;
sbit WEI = P3^2;
sbit KEY1 = P3^4;
sbit KEY2 = P3^5;
unsigned char KeyNum = 0;//被触发的按键编号
unsigned char KeyLock1 = 0;
unsigned char KeyLock2 = 0;
void KEY_Scan();
void KEY_Action();
bit LightFlag = 1;
uint num;
uchar code DuanMa[] = {0xC0,0xF9,0xA4,0xB0,0x99,0x92,0x82,0xF8,0x80,0x90,
0x88,0x83,0xC6,0xA1,0x86,0x8E};
uchar code WeiMa[] = {0xfe,0xfd,0xfb,0xf7};
uchar LightBuf[] = {0xFF,0xFF,0xFF,0xFF};
void Light_Scan();
void Light_Dis();
uint cnt;
void main()
{
    EA = 1;
    TH0 = (65536 - 2000)/256;//定时2ms
    TL0 = (65536 - 2000)% 256;
    TMOD & = 0xFC;
```

```c
        TMOD |=0x01;
        ET0 = 1;
        TR0 = 1;
        while(1)
        {
            Light_Dis();
            KEY_Action();
        }
    }
    void Light_Dis()
    {
        LightBuf[0] =DuanMa[num%10];
        LightBuf[1] =DuanMa[num/10%10];
        LightBuf[2] =DuanMa[num/100%10];
        LightBuf[3] =DuanMa[num/1000%10];
    }
    void Light_Scan()
    {
        static uchar i = 0;
        P1 = 0xFF;
        switch (i)
        {
            case 0:P1 = LightBuf[3];DU = 1;DU =0; P1 =0x01;WEI = 1;WEI =0;i + +;
break;
            case 1:P1 = LightBuf[2];DU = 1;DU =0; P1 =0x02;WEI = 1;WEI =0;i + +;
break;
            case 2:P1 = LightBuf[1];DU = 1;DU =0; P1 =0x04;WEI = 1;WEI =0;i + +;
break;
            case 3:P1 = LightBuf[0];DU = 1;DU =0; P1 =0x08;WEI = 1;WEI =0;i =0;
break;
            default: break;
        }
    }
    void KEY_Scan()
    {
        static unsigned char cnt1 =0xFF;
        static unsigned char cnt2 =0xFF;
        cnt1 =(cnt1 < <1) |KEY1;
        cnt2 =(cnt2 < <1) |KEY2;
        if(cnt1 ! = 0x00)
        {
```

```
        KeyLock1 = 0;
    }
    else if(KeyLock1 = =0)
    {
        KeyNum = 1;
        KeyLock1 =1;
    }
    if(cnt2 ! = 0x00)
    {
        KeyLock2 = 0;
    }
    else if(KeyLock2 = =0)
    {
        KeyNum = 2;
        KeyLock2 =1;
    }
}
void KEY_Action()
{
    switch(KeyNum)
    {
        case 1:num + +;KeyNum = 0;break;
        case 2:num - -;KeyNum = 0;break;
        default:break;
    }
}
void InterruptT0() interrupt 1
{
    TH0 =(65536 -2000)/256;//定时 2ms
    TL0 =(65536 -2000)% 256;
    Light_Scan();
    KEY_Scan();
}
```

　　程序为按键和数码管的结合实例,在理解程序的基础上一定要动手再敲一遍程序,写程序前要厘清思路。首先是按键,按键有两个子函数 KEY_Scan( )和 KEY_Action( ),关于这两个函数参考第 4 章;数码管也有两个子函数 Light_Scan( )和 Light_Dis( ),Light_Scan( )放在中断函数里来检测数码管的变化,Light_Dis( )用来处理要显示的数值。

5.4.4 交通灯实验显示

```
/ * * * * * * * * * * * * * * * * * * * * * * * * * * * * * * * *
实验功能:
类似交通灯,第 1 个 LED 亮 15 s,第 3 个 LED 亮 12 s,第 4 个 LED 亮 6 s
实验现象:
略
   * * * * * * * * * * * * * * * * * * * * * * * * * * * * * * * */
```

```c
#include <reg52.h>
#define uchar unsigned char
#define uint unsigned int
bit flag1s = 1;
sbit DU = P3^3;
sbit WEI = P3^2;
bit LedFlag = 1;
uchar code DuanMa[] = {0xC0,0xF9,0xA4,0xB0,0x99,0x92,0x82,0xF8,0x80,0x90,
0x88,0x83,0xC6,0xA1,0x86,0x8E};
uchar LedBuff[] = {0xFF,0xFF};
uint cnt;
void LED_Scan();
void TrafficLight();
void ConfigT0();
void main()
{
    ConfigT0();
    while(1)
    {
        if(flag1s)
        {
            flag1s = 0;
            TrafficLight();
        }
    }
}
void TrafficLight()
{
    static uchar color = 2;
    static uchar time = 0;    if(time == 0)
    {
        switch(color)
```

```
            }
                case 0:color = 1;time = 6; P0 = 0xEF;break;
                case 1:color = 2;time = 12;P0 = 0xDF;break;
                case 2:color = 0;time = 15;P0 = 0x7F;break;
                default:break;
            }

        }
        else
        {
            time - - ;
        }
        LedBuff[0] = DuanMa[time% 10];//个位
        LedBuff[1] = DuanMa[time/10];//十位
    }
    void ConfigT0()
    {
        TMOD& = 0xF0;
        TMOD | = 0x01;
        TH0  = (65536 - 921)/256;
        TL0  = (65536 - 921)% 256;
        ET0  = 1;
        TR0  = 1;
        EA  = 1;
    }
    void LED_Scan()
    {
        static uchar i = 0;
        P1  = 0xFF;
        switch (i)
        {
            case 0:P1 = LedBuff[1];DU = 1;DU = 0; P1 = 0x01;WEI = 1;WEI = 0;i + +;
break;
            case 1:P1 = LedBuff[0];DU = 1;DU = 0; P1 = 0x02;WEI = 1;WEI = 0;i = 0;
break;
            // case 2:P1 = LedBuf[1];DU = 1;DU = 0; P1 = 0x04;WEI = 1;WEI = 0;i + +;
break;
            // case 3:P1 = LedBuf[0];DU = 1;DU = 0; P1 = 0x08;WEI = 1;WEI = 0;i = 0;
break;
            default:  break;
        }
```

```
    }
void InterruptT0() interrupt 1
{
    TH0  = (65536 - 921)/256; // 定时 1ms
    TL0  = (65536 - 921)% 256;
    LED_Scan();
    cnt + + ;
    if(cnt > = 1000)
    {
        cnt = 0;
        flag1s = 1;

    }
}
```

【能力拓展】

5.5　思考与练习题

1. 完成共阴数码管显示数字 2 的实验。
2. 完成共阴数码管真值表。
3. 阐述动态显示和静态显示的区别。

【趣味小贴士】

麒麟芯片真正为人所知是华为发布的第一款四核手机华为 D1，它采用海思 K3V2 一举跻身顶级智能手机处理器行列，让业界惊叹。K3V2 当时号称是全球最小的四核 A9 架构处理器，性能上与当时主流的处理器如三星猎户座 Exynos4412 相当，这款芯片存在一些发热和 GPU 兼容问题，但仍不失为一款成功的芯片，代表着华为在手机芯片市场的技术突破。

第6章 UART串口通信

生活中最常见的就是人与人之间的交流,设想一个没有交流的世界会变成什么样。在我们学习单片机过程中免不了与外界设备打交道,比如DHT11、DS18B20等器件。其实打交道的过程就是通信过程,通信的方式有好几种,就好像人与人之间的交流,可以用普通话,也可以用家乡话,等等。那么,单片机之间如何通信呢,让我们先从UART串口通信开始吧……

【教学导航】

教	知识重点	1.通信基本原理; 2.正确配置定时器1; 3.认识并正确使用缓冲器 SBUF
	知识难点	1.中断寄存器的认识; 2.数码管函数编写
	推荐教学方法	从生活实例入手,了解串口通信的三种传送模式,掌握相关串口寄存器的配置,借助串口通信助手,实现单片机与电脑的基本通信,实例由浅入深,层层递进,了解程序的演变过程
	思政教学	勇于探索的求知精神
	建议学时	4~5课时
学	推荐学习方法	课前查阅 UART 相关资料,了解 UART 通信大概原理,掌握串行通信;C 语言相关控制语句
	需掌握理论知识	1.定时器1 的配置; 2.指针的使用
	需掌握基本技能	1.通信的基本原理; 2.寄存器的配置; 3.正确使用指针相关语句
	技能目标	掌握 UART 串口通信原理,实现基本通信功能

【基础知识】

6.1 UART 基础知识

6.1.1 通信的基本原理

单片机采集或者处理的数据要与其他设备进行通信。UART 全称是 Universal Asynchronous Receiver/Transmitter,也叫作通用异步收发传输器,是单片机常用的通信技术。

单片机通信方式按照基本类型可分为串口通信和并行通信。并行通信是指一次性传送全部数据位,速度快、效率高,但是需要 I/O 口多,传送距离短,一般小于 30 m;串口通信是指数据位在一根数据线上依次发送或者接收,需要 I/O 口少,虽然传送速度相对慢,但传送距离长且抗干扰能力强,因此串口通信得到了广泛应用。

串口通信有三种传送模式:单工模式、半双工模式和全双工模式。单工模式是指在通信双方中,一方只负责发送,另一方只负责接收。例如广播,喇叭只负责接收信号进行广播,不能发送信号给设备另一端。半双工模式是指在通信双方中,一方在发送数据的过程中不能接收另一方传过来的数据,另一方在接收数据的过程中不能发送数据。例如常用的对讲机,在一方讲的过程中另一方只能听,只能等一方讲完了才能让另一方讲。全工模式是指在通信双方中,双方可以同时传送数据,比如手机,可以边听边讲。

6.1.2 串行通信的格式说明

UART 一般用于板间通信,即单片机和外围设备之间的通信。如图 6.1 所示,单片机 1 与单片机 2 的通信,单片机 1 的"TXD"与单片机 2 的"RXD"连接,单片机 1 的"RXD"与单片机 2 的"TXD"连接,为了保持基准一致需要同接一个 GND。

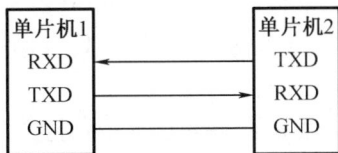

图6.1 单片机与单片机通信示意图

设要传输一个字节"1100 1010"的数据,如图 6.2 所示,首先发送一个起始位"0",再从低位到高位依次发送"0""1""0""1"…"1""1",最后发送一个停止位"1",表示发送完成。接收方收到"0"时准备接收数据,检测到停止位"1"时表示这个字节接收完毕。

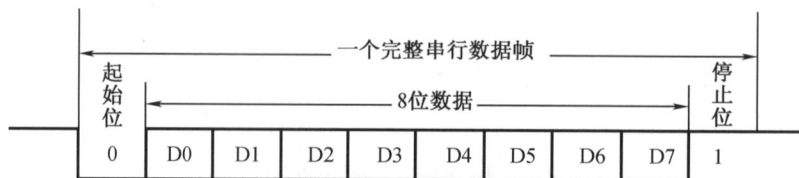

图 6.2　串口发送示意图

波特率(baud)是指每秒传输二进制数码的位数。例如,配套的开发板实验中采用的是波特率是 2 400 bit/s,表示每秒可以传送 2 400 个二进制位。

注:根据单片机选用的晶振选择合适的波特率——单片机晶振是 12 MHz,则用 2 400 bit/s;单片机晶振是 11.059 2 MHz,则可以使用多种速率的波特率,常用的是 9 600 bit/s。

6.1.3　串行通信的相关寄存器

串行口控制寄存器(SCON)各位定义见表 6.1。

表 6.1　SCON 各位定义

SFR name	Address	bit	D7	D6	D5	D4	D3	D2	D1	D0
SCON	98H	name	SM0/FE	SM1	SM2	REN	TB8	RB8	TI	RI

下面主要介绍表 6.1 中的 REN、TI、RI、SM1 和 SM2 位。

REN:允许/禁止串行接收控制位。REN = 1 为允许串行接收状态,可启动串行接收器开始接收信息;REN = 0,则禁止接收。

TI:发送中断请求标志位。在方式 1 中,在停止位开始发送时由内部硬件置位 TI = 1,必须由软件复位 TI = 0。

RI:接收中断请求标志位。在方式 1 中,串行接收到停止位的中间时刻由内部硬件置位 RI = 1,必须由软件复位 RI = 0。

SM1 和 SM2 位主要用来决定串行口的工作方式,在本章中采用串行口的工作方式 1,同时允许串行接收状态,因此配置"SCON = 0x50"。串行口的工作方式见表 6.2。

表 6.2　串行口的工作方式

SM0	SM1	工作方式	功能说明	波特率
0	0	方式 0	同步移位串行方式:移位寄存器	SYSclk/12
0	1	方式 1	8 位 UART,波特率可变	$(2^{SMOD}/32) * ($定时器 1 的溢出率$)$
1	0	方式 2	9 位 UART	$(2^{SMOD}/64) * $SYSclk 系统工作时钟频率
1	1	方式 3	9 位 UART,波特率可变	$(2^{SMOD}/32) * ($定时器 1 的溢出率$)$

注:①当单片机工作在 12T 模式时,定时器 1 的溢出率 = SYSclk/12/(256 − TH1);

②当单片机工作在 6T 模式时,定时器 1 的溢出率 = SYSclk/6/(256 − TH1)。

功率控制寄存器(PCON)中常用 SMOD 位,如表 6.3 所示。

表 6.3　PCON(不可位寻址)各位定义

SFR name	Address	bit	D7	D6	D5	D4	D3	D2	D1	D0
PCON	87H	name	SMOD	SMOD0	–	POF	GF1	GF0	PD	IDL

SMOD:波特率选择位。用软件置位 SMOD,即 SMOD = 1,则使串行通信方式 1,2,3 的波特率加倍;SMOD = 0,则各工作方式的波特率加倍。注意复位时 SMOD = 0,在本项目中采用的是复位值 0。

在单片机中有个特殊的缓冲寄存器 SBUF,地址是 99H,实际是两个缓冲器——发送寄存器和接收寄存器,在物理结构上这两个缓冲器是完全独立的,但地址是重叠的,希望读者注意。

6.1.4　定时器 1 配置

对 51 单片机来说,波特率发生器只能由定时器 1 或定时器 2 产生,本项目采用定时器 1、工作模式 2 的定时方式。工作模式 2 为 8 位自动重装载定时器,当溢出时将 TH0 存放的值自动重装入 TL0。

根据表 6.2 描述,当单片机工作在 12T 模式时,定时器 1 的溢出率 = SYSclk/12/(256 − TH1),SYSclk 为晶振频率,又因为方式 1 的波特率为(2^{SMOD}/32) ×(定时器 1 的溢出率),可得 baud = (2^{SMOD}/32) ×(SYSclk / 12 /(256 − TH1)),将数据代入可得 TH1,将 TH1 赋值给 TL1 即可。通过该公式可知,当晶振 SYSclk 为 11.059 2 MHz 时,可得 TH1 为整数;当晶振 SYSclk 为 12 MHz 时,TH1 不为整数,且随着波特率的增大误差也增大,所以当晶振为 12 MHz 时,选择波特率较小的 2 400 bit/s。

在学习定时模式 1 时,讲到过当计数溢出后需要重新加载初值,在模式 2 中只需要加载一次初值即可。

6.1.5　串口助手使用操作

串口通信的实例很多,本项目通过 4 个实例来帮助读者掌握串口的使用方法。实例中需要借助串口助手,打开 STC – ISP 即可,在右侧点击"串口助手",如图 6.3 中步骤 1,2,3 所示,配置相应的参数。

6.1.6　指针概念引入

在 C 语言中使用变量前首先要定义,定义的实质是机器为该变量分配空间,空间通俗地理解为存放数据的容器,空间的大小为定义的类型,如 unsigned char、unsigned int、unsigned long。在 51 单片机中,unsigned char 占空间大小为 1 个字节(0x00),unsigned int 为 2 个字节(0x01、0x02),unsigned long 为 4 个字节(0x01、0x02、0x03、0x04),如表 6.4 所示。(在实际内存分配中变量不一定从 0x00 开始,变量之间也不一定连续存放)

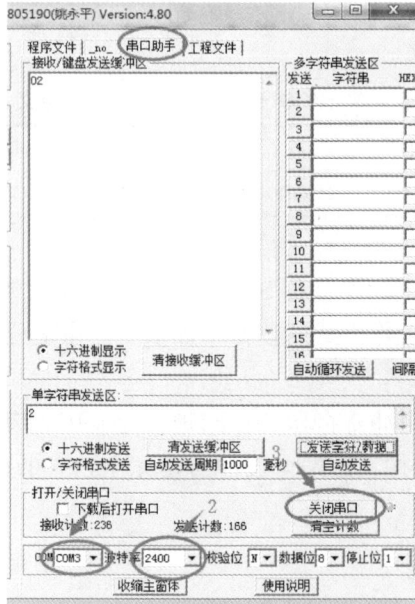

图 6.3　串口助手配置

表 6.4　变量存储举例

变量名	类型	地址	数据
…	…	…	…
		0x06	
		0x05	
		0x04	
c	unsigned long	0x03	7
		0x02	
b	unsigned int	0x01	6
a	unsigned char	0x00	5

　　单片机对数据的存储实质是对地址的操作,地址就是内存单元的编号,可以将整个内存理解成一幢楼,楼里有很多房间,房间都有门牌号,比如让张三把椅子放在 301 房间,这个"椅子"就是数据,"房间"就是标有地址的空间,那么,是不是操作数据要记住所有的地址?并不是! 单片机之所以采用 C 语言,主要是因为大部分情况下不用记住具体的地址,只要写一句"unsigned int a"语句,单片机能自动给变量 a 分配相应空间,相对于记地址来说,记变量名更加简单,比如能记住这幢楼里有间"单片机实训室",但是时间久了可能搞不清楚是在 402 还是 403。同理,表 6.4 中 a 是地址 0x00 的别名,存放的数据是 5,b 是地址 0x01 的别名,存放的数据是 6,同理于变量 c。在 51 单片机中,因为类型 unsigned int 占有两个字节,其中 0x01 存放高字节,0x02 存放低字节。有时在编程中还需要知道变量的实际地址,那么可以通过取址符"&"来得到变量的实际地址,如取 b 的地址操作为"&b",b 的实际地

址其实"天知地知单片机知",我们还是不知,当然可以通过语句显示实际地址,但是没有必要,只要把"&b"当作单片机地址即可。相应地,还有取值符"＊",如"＊(&b)"的操作是指把地址 0x01 的内容取出,即把数字"6"取出来。

现在我们已经不知不觉地讲完了指针的知识,地址的另一个别称是"指针",还有一个概念是指针变量,指针变量就是存放内存地址的变量。指针和指针变量是两个不同的概念,但是人们通常会把指针变量简称为指针。

1. 指针变量的定义

一般变量定义为"unsigned char a;"的形式,而指针变量的定义为"unsigned char ＊ P;",可以理解成由"unsigned char ＊"和"P"两部分组成,即在定义部分中的"＊"表示 P 定义的是一个指针变量,并不是上面提到的取值符。总结:"＊"有两种用法,一种是在定义变量时指明该变量的类型是指针类型,一种是在计算运用中表示"取值符"。举例说明:

```
unsigned  char  a =3;
unsigned  char  b =5;
unsigned  char  ＊P =&a;
b = ＊ P;
```

运算后 b 的值为 3 , ＊ P 的值也为 3。其中语句"unsigned char ＊ P = &a;"是"unsigned char ＊ P;""P = &a;"两个语句的缩写,意思是将变量 a 的地址赋给指针 P,也就是说指针 P 指向了变量 a,如图 6.5 所示,那么 ＊ P 的值为 3,在经过"b = ＊ P"赋值后,b 中原来的 5 被 3 覆盖了。最后举两个对比例子加深对指针的了解。

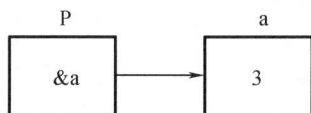

图 6.5　指针变量 P 指向变量 a

```c
//实验效果:每秒依次亮 1 个 LED 小灯
#include <reg52.h>
void LeftMove(unsigned char ＊P);
void main()
{
    unsigned int  i;
    unsigned char LED = 0x10;
    while(1)
    {
        P0 = ~LED;
        for(i = 0;i <33000;i + +);
        LeftMove(&LED);
        if(LED = =0x00)
        {
```

```
            LED = 0x10;
        }
    }
}

void LeftMove(unsigned char * P)
{
    * P = * P < <1;
}
```

注:初始值 P0 = ~(0x01) =0b1111 1110,点亮第 1 个 LED(低电平点亮 LED),经过 for 语句延时后执行"LeftMove(&LED)",此时将实参 LED 的地址传递给子函数 void LeftMove 中的形参 P,如图 6.6 所示,即指针 P 指向变量 LED,则 * P 的值为 0b0000 0001,执行" * P < <1" 后再复制给 * P,此时 * P 为 0b0000 0010,即 LED 中的变量为 0b0000 0010,如图 6.7 所示, 调用完子函数 LeftMove 后释放空间,如图 6.8 所示,虽然指针变量 P 消失了,但是改变了变量 LED 的值。

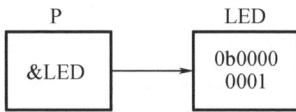

图 6.6   指针 P 指向变量 LED

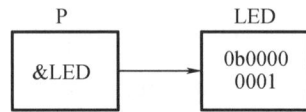

图 6.7   * P 值改变

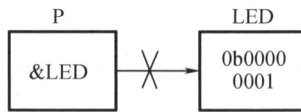

图 6.8   指针变量 P 空间释放

```
//预期实验效果:每秒依次亮 1 个 LED 小灯。但没有实现只亮第一盏。
#include <reg52.h>
void LeftMove(unsigned char PP);
void main()
{
    unsigned int   i;
    unsigned char LED = 0x10;
    while(1)
    {
        P0 = ~LED;
        for(i = 0;i <33000;i + +);
        LeftMove(LED);
        if(LED = =0x00)
        {
```

```
            LED = 0x10;
        }
    }
}
void LeftMove(unsigned char PP)
{
    PP = PP < <1;
}
```

注:前面部分一致,当执行到"LeftMove(LED);"时,实参变量 LED 将数值传递给形参变量 PP,如图 6.9 所示。变量 PP 经过子函数运算后变为 0b0000 0010,如图 6.10 所示。执行完子函数 LeftMove 释放空间,如图 6.11 所示,变量 LED 中的值并未发生改变,所以无法出现预期的实验现象。

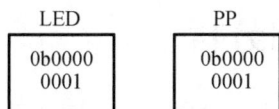

LED	PP
0b0000 0001	0b0000 0001

图 6.9 变量 LED 赋值给变量 PP

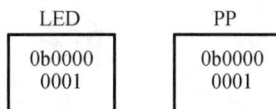

LED	PP
0b0000 0001	0b0000 0001

图 6.10 变量 PP 值改变

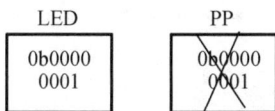

LED	PP
0b0000 0001	0b0000 0001

图 6.11 变量 PP 空间释放

2. 字符和字符串

字符是指计算机中使用的字母、数字、字和符号,C 语言中字符用单引号括起来,存储方式以 ASCII 编码二进制形式存储,占用一个字节。如'a','b','1','2'等。

字符串是由数字、字母、下划线组成的一串字符,C 语言中字符用双引号括起来,如"a"表示的是字符串,并非字符,它的长度为 2,系统会自动加上了结束符'\0',再如将字符串赋值给数组"uchar table[ ] = "i love MCU"",则数组的长度为 11,千万别忘了加上隐藏的结束符'\0',结束符常用作判断字符串是否输出完成。本书在 3.2.3 小节提到过数组,数组是用来存储一组相同类型数据的数据结构,字符串在数组中连续存放,数组名表示字符串的首地址,如图 6.12 所示,指针指向数组首地址,由于数组在内存中连续存放,只要依次读取即可,当读到结束符'\0'时表示读完该字符串。注意数组名其实也代表了数组元素的首地址,如指针变量 P = table 和 P = &table[0]都表示指向了数组首地址,但有所区别,一般采用 P = table。

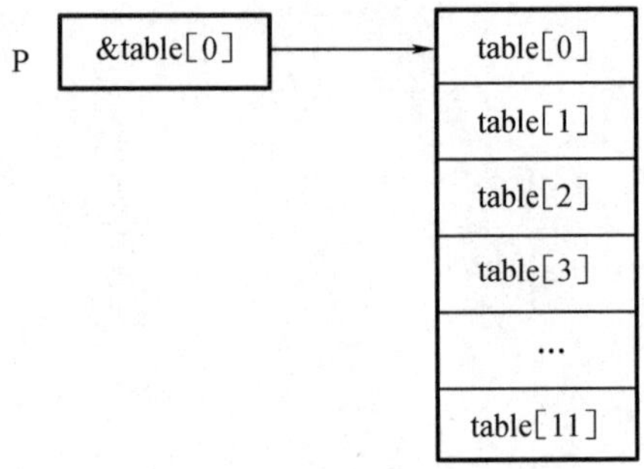

图 6.12 指针指向数组首地址

【应用演练】

6.2 UART 应用实例分析

6.2.1 非中断法串口通信实例 1

```
/ * * * * * * * * * * * * * * * * * * * * * * * * * * * * * * * *
方法:
查询法方式(不常用)
实验现象:
通过串口助手发送给单片机字符,单片机会将原字符返回
    * * * * * * * * * * * * * * * * * * * * * * * * * * * * * * * */
#include < reg52.h >
void UART_Init()
{
    EA =1;
    SCON = 0x50;//确定串行口工作方式为模式 1
    TMOD & =0x0F;//配置定时器 T1,工作模式 2
    TMOD | =0x20;
    TH1 = 256 -(12000000 /12 /32) /2400;//根据 2.4 小节公式计算
      TL1 = TH1;
    ET1 =0;//禁止定时器 1 的中断作用
    TR1 = 1;
    ES =1;
}
void main()
{
    UART_Init();
```

```
    while(1)
    {
        while(! RI);
        RI = 0;
        SBUF = SBUF;
        while(! TI);
        TI = 0;
    }
}
```

（1）本例采用非中断法串口通信，通过串口助手发送给单片机数字，单片机会将原数字返回。

（2）"UART_Init()"函数中配置均已讲解，同时仔细阅读注释部分。

（3）由于"UART_Init()"函数在主函数前，因此不需要进行函数声明。

（4）在主函数中不停判断标志位"RI"是否为 1，若为 1 表示接受完成，RI 标志位清零，"SBUF = SBUF"中右边的"SBUF"表示接收器的 SBUF，左边的"SBUF"表示发送器的 SBUF，意思是将接收到的内容赋值给发送器的缓冲区进行发送操作，当发送完成后标志位 TI 置 1，退出"while(! TI)"语句，再将标志位 TI 清零。

（5）由于在主函数中不断进行标志位判断，占用一定的 CPU 内存，因此推荐使用中断法。

6.2.2　串口通信实例 2

```
/* * * * * * * * * * * * * * * * * * * * * * * * * * * * * * *
方法：
中断法方式（常用）
实验现象：
通过串口助手发送给单片机字符，单片机会将原字符返回
    * * * * * * * * * * * * * * * * * * * * * * * * * * * * * * */
#include < reg52.h >
void UART_Init()
{
    EA = 1;
    SCON = 0x50;
    TMOD & = 0x0F;
    TMOD | = 0x20;
    TH1 = 256 - (12000000 /12 /32) /2400;
    TL1 = TH1;
    ET1 = 0;
    TR1 = 1;
    ES = 1;
}
```

```
void main()
{
    UART_Init();
    while(1);
}
void InterruptUART() interrupt 4
{
    if(RI)
    {
        RI = 0;
        SBUF = SBUF;
    }
    if(TI)
    {
        TI = 0;
    }
}
```

本例的实验效果与 6.2.1 小节的实验效果一致,采用的中断法,中断号为 4。

6.2.3   串口通信实例 3

```
/* * * * * * * * * * * * * * * * * * * * * * * * * * * * * * * * * *
方法:
中断法方式(常用)
实验现象:
串口助手向单片机发送十六进制数据,同时返回相应的数据,在数码管也显示该数据
    * * * * * * * * * * * * * * * * * * * * * * * * * * * * * * * * * */
#include <reg52.h>
#define uchar unsigned char
#define uint unsigned int
sbit DU = P3^5;
sbit WEI = P3^4;
uchar code DuanMa[] = {0xC0, 0xF9, 0xA4, 0xB0, 0x99, 0x92, 0x82, 0xF8, 0x80, 0x90,
0x88, 0x83, 0xC6, 0xA1, 0x86, 0x8E};
uchar LightBuf[] = {0xFF,0xFF,0xFF,0xFF};
unsigned int num;
void Light_Scan();
void UART_Init();
void Light_Dis();
void Light_Init();
```

```c
void main()
{
    Light_Init();
    UART_Init();
    while(1)
    {
        Light_Dis();
    }
}
void Light_Scan()
{
    static uchar i = 0;
    P1 = 0xFF;
    switch (i)
    {
        case 0:P1 = LightBuf[3];DU = 1;DU = 0; P1 = 0x01;WEI = 1;WEI = 0;i + +;break;
        case 1:P1 = LightBuf[2];DU = 1;DU = 0; P1 = 0x02;WEI = 1;WEI = 0;i + +;break;
        case 2:P1 = LightBuf[1];DU = 1;DU = 0; P1 = 0x04;WEI = 1;WEI = 0;i + +;break;
        case 3:P1 = LightBuf[0];DU = 1;DU = 0; P1 = 0x08;WEI = 1;WEI = 0;i = 0;break;
        default:  break;
    }
}
void Light_Dis()
{
    LightBuf[0] = DuanMa[num&0x0F];
    LightBuf[1] = DuanMa[num > >4];
}
void UART_Init()
{
    EA = 1;
    SCON = 0x50;
    TMOD & = 0x0F;
    TMOD | = 0x20;
    TH1 = 256 - (12000000 /12 /32) /2400;
    TL1 = TH1;
    ET1 = 0;
    TR1 = 1;
```

```c
    ES =1;
}
void Light_Init()
{
    TH0 =(65536 -2000)/256;//定时2ms
    TL0 =(65536 -2000)%256;
    TMOD & =0xFC;
    TMOD |=0x01;
    ET0 =1;
    TR0 =1;
}
void InterruptT0() interrupt 1
{
    TH0 =(65536 -2000)/256;//定时2ms
    TL0 =(65536 -2000)%256;
    Light_Scan();
}
void InterruptUART() interrupt 4
{
    if(RI)
    {
        RI = 0;
        num = SBUF;
        SBUF = num;
    }
    if(TI)
    {
        TI =0;
    }
}
```

本小节实验与数码管实例相结合,将传送的数据在数码管同时显示,将数码管模块和 UART 有效结合。

6.2.4　串口通信实例4

```
/ * * * * * * * * * * * * * * * * * * * * * * * * * * * * * * *
实验效果:
    通过串口助手发送十六进制的"1",在屏幕显示"i love MCU",发送十六进制的"2",在
屏幕显示"Welcome to HC"

    * * * * * * * * * * * * * * * * * * * * * * * * * * * * * * * */
```

```c
#include <reg52.h>
#define uchar unsigned char
#define uint  unsigned int
uchar table1[] = "i love MCU";
uchar table2[] = "Welcome to HC";
bit UartFlag = 0;
uchar CmdIndex = 0;
uchar *str;
void UART_Init();
void main()
{
    UART_Init();
    while(1)
    {
        if(UartFlag)
        {
            UartFlag = 0;
            switch (CmdIndex)
            {
                case 1:str = table1;TI = 1;break;
                case 2:str = table2;TI = 1;break;
                default:break;
            }
        }
    }
}
void UART_Init()
{
    EA = 1;
    SCON = 0x50;
    TMOD &= 0x0F;
    TMOD |= 0x20;
    TH1 = 256 - (12000000/12/32)/2400;
    TL1 = TH1;
    ET1 = 0;
    TR1 = 1;
    ES = 1;

}
void InterruptUART() interrupt 4
{
```

```
    if(RI)
    {
        RI = 0;
        CmdIndex = SBUF;
        UartFlag = 1;
    }
    if(TI)
    {
        TI = 0;
        if( * str ! ='\0')
        {
            SBUF = * str + +;
        }
    }
}
```

（1）在中断函数中一旦收到接受标志位 TI 为 1，指针变量 str 首先判断是否检测到结束符'\0'，当没检测到时，将指针指向的内容赋值给缓冲接收器 SBUF，取完后指针移向下一地址。

（2）" * str + +"表示指针 str 内容取出再指向下 1 个元素，"下 1 个元素"是指当为 unsigned char 类型时，指针会移动一个字节；当为 unsigned int 类型时，指针会移动 2 个字节。

（3）关于" * str + +"的运算很多资料并未讲清楚，C 语言中" * "和" + +"是同级运算符，从右到左执行，那么应该先执行"str + +"，再执行" * "，但是由于" + +"是后增，所以按照先使用后执行的规则，即先会把 str 的内容取出使用！

【能力拓展】

6.3　思考与练习题

本小节内容较多，但是都非常重要，指针要会灵活使用，掌握使用发送字符串的方法。

1. 根据 6.1.4 小节，当晶振为 11.059 2 MHz 时，计算 TH1 的值。

2. 具体解释字符和字符串的不同点和应用场景。

3. 动手完成一个串口通信实验。

【趣味小贴士】

UART 是最早的串行协议之一，基本上串行端口都是以 UART 为基础的，最为常见的是用 RS - 232 接口的设备和外部调制解调器等仪器。但是近年来随着 SPI 和 I2C 等协议的广泛使用，UART 的普及率有所降低。目前，大多数现代计算机和外围设备都不再使用串行端口进行通信，较为常见的是以太网和 USB 等技术，但是在学习单片机过程中我们还会经常使用到 UART，这是因为 UART 操作简单、成本低且易于实现。

第7章　LCD 1602 液晶显示

屏幕很早就融入我们的生活,从最初的电子表屏幕到现在的电脑、手机曲屏等,大家有没有注意到在上公交车刷卡时屏幕会显示当前余额、站点、时间等信息,这就是 12864 液晶屏。今天我们来学习它的姊妹屏——1602液晶屏……

【教学导航】

教	知识重点	1. LCD 时序读写认识 2. LCD 指令设置 3. LCD 液晶屏功能实现
	知识难点	1. LCD 读写时序 2. 指令操作
	推荐教学方法	结合生活中的实例,引入 LCD,首先了解 LCD 的硬件结构,在此基础上对控制时序进行分析,结合时序图,掌握控制指令,通过 C 语言实现,最后将信息显示在 LCD 上
	思政教学	增强动手操作能力,理论联系实际
	建议学时	4~5 课时
学	推荐学习方法	课前查阅 LCD 相关资料,了解 LCD 基本原理和硬件结构
	需掌握理论知识	1. LCD 硬件连接图; 2. 时序图的基本原理
	需掌握基本技能	1. 指针函数等 C 语言概念; 2. 时序图的基本分析; 3. 时序图的原理转换成 C 语言
	技能目标	读懂 LCD 时序图,将信息显示在 LCD 上

【基础知识】

7.1　LCD 1602 基本概念

　　LCD 1602 是一种工业字符型液晶,如图 7.1 所示,它能同时显示两行,每行 16 个字符,是一种常用的显示屏,我们要熟练掌握它的使用方法,其硬件连接图如图 7.2 所示。

图 7.1　LCD 1602 实物图　　　　　　图 7.2　LCD 1602 硬件连接图

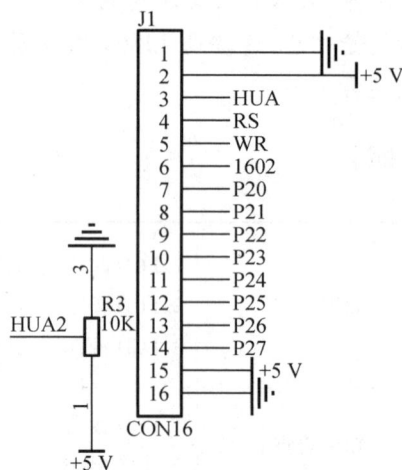

7.1.1　LCD 1602 控制时序读写分析

　　结合图 7.2 和表 7.1 可知,LCD 1602 液晶屏一共外接 16 个引脚,其中第 2、第 15 引脚接电源;第 1、第 16 引脚接地;第 3 引脚接滑动变阻器,通过改变电压来控制显示的字符和背景的对比度;第 7~14 引脚接 P2 口用于传送数据。

表 7.1　引脚功能图

编号	符号	引脚说明	编号	符号	引脚说明
1	VSS	电源接地	9	D2	Data
2	VDD	电源正极	10	D3	Data
3	VL	液晶显示偏压信号	11	D4	Data
4	RS	数据/命令选择端（H/L）	12	D5	Data
5	R/W	读/写选择端（H/L）	13	D6	Data
6	E	使能信号	14	D7	Data I/O
7	D0	Data	15	BLA	背光源正极
8	D1	Data	16	BLK	背光源负极

第 4 引脚 RS 用来表示发送的是数据还是命令(高电平为数据,低电平为命令),第 5 引脚 R/W 用来表示当前操作是读操作还是写操作(高电平为读操作,低电平为写操作),第 5 引脚 E 用来表示使能液晶屏。液晶屏主要由这 3 个引脚来控制。图 7.3 是单片机的写操作时序。

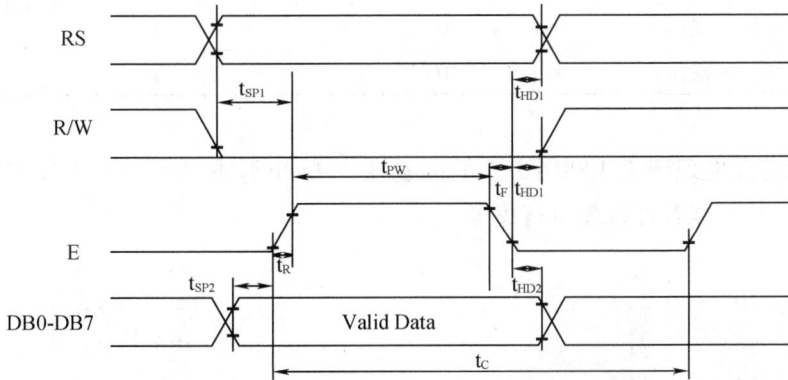

图 7.3　写操作时序

"时序"可以理解为我们与芯片之间的通信语言,因为单片机只有高低两种电平,不能像我们一样用很多词汇去表达意思,设计工程师想了一个办法,通过高低电平和持续的时间让我们跟芯片进行"对话"。图 7.3 左边显示 4 组引脚名字,虽然有上下之分,但是 4 组时序是同时进行的,由于是写操作,在 t_{SP1} 前不管 R/W 是什么状态都变低电平,同时 RS 完成高低电平的变化。表 7.2 中可以看到 t_{SP1} 的最小值为 30 μs,没有最大值,也就是说至少持续 $t_{SP1}\sim t_R$ 再拉高 E 端口电平,E 端口电平至少持续 t_{PW} 的时间才能把数据写到 DB0 – DB7,E 端口再拉低电平。根据时序图写相应的部分程序,以写命令为例,将准备工作做好后使能 LcdEN 为 1,再将 LcdEN 置 0,由于 51 单片机运行的最小单位都是 μs 级,远大于 ns 级,不需要延时,如读者在调试过程中有问题加延时函数即可,本例程序在配套开发板上未加延时尚未出现问题。

表 7.2　时序参数图

时序参数	符号	极限值			单位	测试条件
		最小值	典型值	最大值		
E 信号周期	t_C	400	—	—	ns	引脚 E
E 脉冲宽度	t_{PW}	150	—	—	ns	
E 上升沿/下降沿时间	t_R,t_F	—	—	25	ns	
地址建立时间	t_{SP1}	30	—	—	ns	引脚 E、RS、R/W
地址保持时间	t_{HD1}	10	—	—	ns	

表 7.2（续）

时序参数	符号	极限值			单位	测试条件
		最小值	典型值	最大值		
数据建立时间（读操作）	t_D	—	—	100	ns	引脚 DB0 ~ DB7
数据保持时间（读操作）	t_{HD2}	20	—	—	ns	
数据建立时间（写操作）	t_{SP2}	40	—	—	ns	
数据保持时间（写操作）	t_{HD2}	10	—	—	ns	

细心的读者会发现图 7.4 和图 7.5 的区别在于 LcdRS，本书在下一小节将展示如何将两个程序合二为一，读者可以先自行思考。

```
LcdRS = 0;
LcdRW = 0;
LcdDB = cmd;
LcdEN = 1;
LcdEN = 0;
```

图 7.4　写命令程序图

```
LcdRS = 1;
LcdRW = 0;
LcdDB = dat;
LcdEN = 1;
LcdEN = 0;
```

图 7.5　写数据程序图

读操作时序图如图 7.6 所示，读者可以根据上面的讲解看下是否能看懂该时序图。

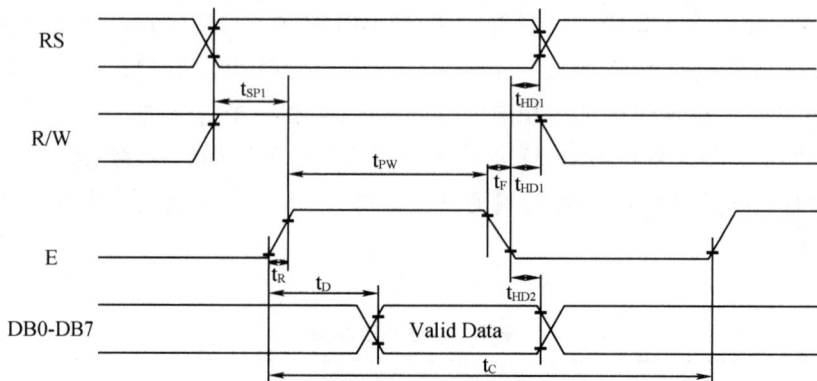

图 7.6　读操作时序图

根据 LCD 1602 数据手册可知，对控制器每次读写之前必须进行读写检测，LCD 中有个状态字，如表 7.3 所示，它的最高位 STA7 用于判断液晶屏是否处于忙的状态，当 STA7 为 1 时，表示正在忙，当 STA7 为 0 时，表示空闲，在程序中采用"while（LcdDB&0x80）；"语句来判断 LCD 当前状态是否忙。

表 7.3　状态字说明图

STA7 D7	STA6 D6	STA5 D5	STA4 D4	STA3 D3	STA2 D2	STA1 D1	STA0 D0
STA0－6		当前数据地址指针的数值					
STA7		读写操作使能			1:禁止	0:允许	

7.1.2　LCD 1602 功能配置实现

LCD 1602 液晶屏本质上是由 HD44780 芯片控制的,所以学好 1602 需要了解该控制芯片,本节不做展开。HD44780 控制芯片共有 80 个字节(每行 40 个),但是实际上只显示 32 个字节(每行 16 个),这是因为被液晶屏大小限制了,每行的 24 个字节只是没有显示出来,但实际上是存在的,如图 7.7 所示,第一行首地址为 0x00,第二行首地址为 0x40,但在实际使用中还需要加 0x80,很多读者在别的资料中看到过相关语句,但是都没很好地解释,实际上查看 HD44780 芯片手册就一目了然,这是硬件规定,只需要加上即可,如实例中"Lcd-WrCmd(addr|0x80)"语句,即把原来地址再加上 0x80。

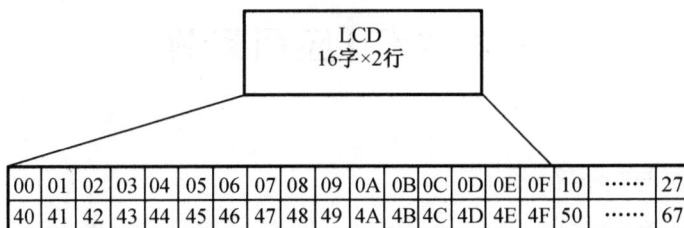

图 7.7　DDRAM 地址分配图

初始化液晶屏命令较为固定,本节不做具体展开,只把需要的命令列出,具体请参考 HD44780 芯片手册。

7.1.3　1602 液晶的指令介绍

1602 液晶有以下几个指令需要了解。

1. 显示模式设置

写指令 0x38 表示的是设置 16x2 显示,5 * 7 点阵,8 位数据接口。这条指令对液晶来说是固定的,仔细看会发现液晶实际上内部点阵是 5 * 8。

2. 显示开/关以及光标设置指令

这里有 2 条指令,第一条指令,一个字节中 8 位,其中高 5 位是 0b00001,低 3 位分别用 DCB 从高到低表示,D＝1 表示开显示,D＝0 表示关显示;C＝1 表示显示光标,C＝0 表示不显示光标;B＝1 表示光标闪烁,B＝0 表示光标不闪烁。第二条指令,高 6 位是 0b000001,低 2 位分别用 NS 从高到低表示,其中 N＝1 表示读或者写一个字符后,指针自动加 1,光标自动加 1,N＝0 表示读或者写一个字符后指针自动减 1,光标自动减 1;S＝1 表示写一个字符后,整屏显示左移(N=1)或右移(N=0),以达到光标不移动而屏幕移动的效果,如同计算器输入一样的效果,而 S=0 表示写一个字符后,整屏显示不移动。

3. 清屏指令

写入 0x01 表示显示清屏,其中包含了数据指针清零,所有的显示清零。写入 0x02 则仅仅是数据指针清零,显示不清零。

4. RAM 地址设置指令

该指令码的最高位为1,低7位为 RAM 的地址。通常,在读写数据之前都要先设置好地址,然后再进行数据的读写操作。

这几条总结如下:

"0x38"命令表示数据总线为8位,显示两行,每个字符是 5 * 7 点阵;

"0x0C"命令表示开显示,关闭光标;

"0x06"命令表示写字符后地址自动加1;

"0x01"命令表示清屏。

【应用演练】

7.2　LCD 应用实例

7.2.1　显示两行字符串

```c
#include < reg52 .h >
#define uchar unsigned char
#define uint unsigned int
#define LcdDB   P2
uchar code table1[ ] = "I love MCU";
uchar code table2[ ] = "I love Zhoushan";
uchar * str1 = table1;//数组的首地址赋值给指针变量 str1
uchar * str2 = table2;
sbit   LcdEN = P3^2;//根据硬件连接图定义引脚
sbit   LcdRW = P3^6;//根据硬件连接图定义引脚
sbit   LcdRS = P3^7;//根据硬件连接图定义引脚
void LcdBusy();
void LcdWrCmd(uchar cmd);
void LcdWrDat(uchar dat);
void Lcd_Init();
void LcdShow(uchar x,uchar y);
void main()
{
```

```
    Lcd_Init();
    LcdShow(2,0);//指定字符串 1 的首地址在屏幕的位置
    while( * str1 ! ='\0')
    {
        LcdWrDat( * str1 + +);
    }
    LcdShow(1,1);//指定字符串 1 的首地址在屏幕的位置
    while( * str2 ! ='\0')
    {
        LcdWrDat( * str2 + +);
    }
    while(1);
}
void LcdBusy()//判断液晶屏是否处于忙的状态
{
    LcdDB = 0xFF;
    LcdRS = 0;
    LcdRW = 1;
    LcdEN = 1;
    while(LcdDB&0x80);//判断液晶屏是否处于忙的状态
    LcdEN = 0;
}
void LcdWrCmd(uchar cmd)
{
    LcdBusy();
    LcdRS = 0;
    LcdRW = 0;
    LcdDB = cmd;
    LcdEN = 1;
    LcdEN = 0;
}
void LcdWrDat(uchar dat)
{
    LcdBusy();
    LcdRS = 1;
    LcdRW = 0;
    LcdDB = dat;
    LcdEN = 1;
    LcdEN = 0;
}
void Lcd_Init()
```

```
}
    LcdWrCmd(0x38);//显示两行,每个字符是5*7点阵
    LcdWrCmd(0x0C);//表示开显示,关闭光标
    LcdWrCmd(0x06);//表示写字符后地址自动+1
    LcdWrCmd(0x01);//表示清屏
}
void LcdShow(uchar x,uchar y)
{
    uchar addr;
    if(0 = =y)
    addr = 0x00 + x;
    else
    addr = 0x40 + x;
    LcdWrCmd(addr l0x80);//地址设置
}
```

（1）操作液晶屏思路:指定要显示的位置,将字符串首地址赋值给指针,指针依次取字符并显示在液晶屏,直至碰到结束符' \0'。

（2）液晶操作指令较为固定,正确掌握。

7.2.2　发送指令在 1602 显示

```
/* * * * * * * * * * * * * * * * * * * * * * * * * * * * * * * * * *
串口助手发送1,在串口助手接收区和1602显示"I love MCU",
串口助手发送2,在串口助手接收区和1602显示"I love Zhoushan"。
    * * * * * * * * * * * * * * * * * * * * * * * * * * * * * * * * * */
#include < reg52 .h >
#define uchar unsigned char
#define uint unsigned int
#define LcdDB    P2
uchar code table1[ ] = "I love MCU";
uchar code table2[ ] = "I love Zhoushan";
uchar * str1 = table1;
uchar * str2 = table2;
void LcdBusy();
void LcdWrCmdorDat(uchar cmdordat,uchar cmddat);
void Lcd_Init();
void LcdShow(uchar x,uchar y);
void LcdClear(uchar x,uchar y,uchar len);
sbit   LcdEN = P3^2;
sbit   LcdRW = P3^6;
sbit   LcdRS = P3^7;
```

```
bit UartFlag = 0;
uchar CmdIndex = 0;
uchar * str1;
uchar * str2;
void UART_Init();
void main()
{
    Lcd_Init();
    UART_Init();
    while(1)
        {
        if(UartFlag)
        {
            UartFlag = 0;
            switch (CmdIndex)
            {
                case 1:
                {
                    LcdWrCmdorDat(0,0x01);
                    LcdShow(2,0);
                    str1 = table1;//table1 的首地址赋值给指针变量 str1
                    while( * str1 ! = '\0')
                    {
                        LcdWrCmdorDat(1, * str1 + +);
                    }
                    str1 = table1;//指针复位
                    TI = 1;
                    CmdIndex = 0;
                    break;
                }
                case 2:
                {
                    LcdWrCmdorDat(0,0x01);
                    LcdShow(2,1);
                    str2 = table2;
                    while( * str2 ! = '\0')
                    {
                        LcdWrCmdorDat(1, * str2 + +);
                    }
                    str2 = table2;
                    TI = 1;
```

```
                    CmdIndex = 0;break;
                }
            default:break;
        }
    }
}
void LcdBusy()
{
    LcdDB = 0xFF;
    LcdRS = 0;
    LcdRW = 1;
    LcdEN = 1;
    while(LcdDB&0x80);
    LcdEN = 0;
}
```

//把写命令和写数据语句合二为一,第一个参数为 0 表示写命令,1 表示写数据;第二个参数表示相应的数值

```
void LcdWrCmdorDat(uchar cmdordat,uchar cmddat)
{
    LcdBusy();
    if(cmdordat = =0)
    LcdRS = 0;
    else
    LcdRS = 1;
    LcdRW = 0;
    LcdDB = cmddat;
    LcdEN = 1;
    LcdEN = 0;
}
void Lcd_Init()
{
    LcdWrCmdorDat(0,0x38);
    LcdWrCmdorDat(0,0x0C);
    LcdWrCmdorDat(0,0x06);
    LcdWrCmdorDat(0,0x01);
}
void LcdShow(uchar x,uchar y)
{
    uchar addr;
    if(0 = =y)
```

```
    addr = 0x00 + x;
    else
    addr = 0x40 + x;
    LcdWrCmdorDat(0,addr |0x80);
}
void UART_Init()
{
    EA = 1;
    SCON = 0x50;
    TMOD & = 0x0F;
    TMOD | = 0x20;
    TH1 = 256 - (12000000 /12 /32) /2400;
    TL1 = TH1;
    ET1 = 0;
    TR1 = 1;
    ES = 1;
}
void InterruptUART() interrupt 4
{
    if(RI)
    {
        RI = 0;
        CmdIndex = SBUF;
        UartFlag = 1;
    }
    if(TI)
    {
        TI = 0;
        if( * str1 ! = '\0')
        {
            SBUF = * str1 + +;
        }
        if( * str2 ! = '\0')
        {
            SBUF = * str2 + +;
        }
    }
}
```

（1）在 case1 语句中,有两句"str1 = table1;",第一句表示 table1 的首地址赋值给指针变量 str1,用于显示在 1602,第二句表示 table1 的首地址再重新赋值给 str1,用于显示在串口助手。第二句不能漏写,这是因为在第一次赋值操作后指针的位置指向了字符串的末尾,所以没有第二句"str1 ＝ table1;"的话无法在串口助手接收区准确显示,第二句相当于复位。

（2）本实例将串口知识和液晶屏操作结合起来,同时也看到将写命令函数和写数据函数合二为一,精简程序。

【能力拓展】

7.3　思考与练习题

本节通过两个实例来说明液晶屏1602的使用方法,从第2章到本章读者发现程序行数逐渐增多,甚至以后可以上千行,同时发现本章中的串口程序跟上一个项目的串口程序基本一致,那是不是可以通过模块化将功能相同的程序放在一起,需要时加入文件进行调用就行,答案是肯定的,在讲解程序模块化之前先思考完成以下问题。

1. 将数字显示在屏幕上。

2. 结合两个按键功能,按键按一下数字加一,按另一个按键,数字减一。

【趣味小贴士】

　　1950年第一支彩色电视显像管的诞生,标志着人类即将进入彩色电视时代。1960年左右,普林斯顿大学博士生乔治·海尔迈耶（George Heilmeier）对有机半导体进行了深入研究,从而发现了液晶材料新的电光特性,实现了液晶在显示领域的关键性技术突破。1968年,乔治·海尔迈耶研发出第一片液晶显示面板（LCD）,同时也意识到,液晶显示必将成为未来显示的主流。1973年,第一只能显示6位数字的LCD土豪金版手表面世,开启了LCD新篇章。

第8章 模块化编程

　　大家还记不记得小时候玩的七巧板,我们可以用这几块板拼出各种各样的图形,例如拼出一座房子、一只猫等,但是不管哪种图形,都是由这七块板子组成。如果把这个图形当作一个整体的话,那么每一块板子就是模块。对于编程来说,模块化是怎么样的呢? 为什么要进行模块化呢? 本章跟大家一起来探索……

【教学导航】

教	知识重点	1.模块化重要性; 2.头文件和源文件概念; 3.Keil 模块化工程建立
	知识难点	1.头文件和源文件原理; 2.Keil 工程建立
	推荐教学方法	以七巧板为例,引出模块化概念,列举模块化的优势,结合以往程序寻找共同点;引出头文件和源文件概念,现场操作 Keil 新建工程,以按键控制 LCD 1602 为例,模块化该程序,观察实验效果
	思政教学	精益求精的工匠精神
	建议学时	4~5 课时
学	推荐学习方法	厘清头文件和源文件基本概念,找出.h 和.c 文件的区别
	需掌握理论知识	1.Keil 工程建立; 2.模块化步骤
	需掌握基本技能	1..h 和.c 文件的建立; 2.按键实验和 1602 实验熟练掌握
	技能目标	使用 Keil 软件新建模块化工程,把原有的按键控制 1602 实验重新实现

【基础知识】

8.1　模块化基础知识

8.1.1　源文件和头文件概念

我们接触到的第一个程序是 main.c 程序,在 main.c 中有各种各样的函数。本章节的任务就是将各类函数进行"分离",独自形成可调用的函数。现以延时功能函数 delay 为例进行讲解,如图 8.1 和图 8.2 所示。

```
delay.c 程序
#include "delay.h"
void delay()
{
    unsigned int i , j;
    for(i =0;i <183;i + +)
    {
      for(j =0;j <1000;j + +);
    }
}
```

图 8.1　delay.c 程序图

```
delay.h 程序
#ifndef __DELAY_H__
#define __DELAY_H__
void delay();
#endif
```

图 8.2　delay.h 程序图

在 delay.c 程序中,编写具体延时函数,同时也要包含对应的自定义头文件,在 delay.h 程序中包含了在 delay.c 程序中的函数名,以便其他函数调用。以 51 单片机开发板为例,单片机内部结构复杂,每个器件组合完成特定的功能,这相当于"delay.c 程序",实际上我们一开始学习并不需要知道单片机内部程序结构,只需要知道它有哪些功能,调用引脚实现功能即可,这些引脚相当于"delay.h 程序"。如在编写 led.c 文件中需要进行延时,那么只需加入"delay.h"头文件即可调用 delay 函数,相当于 delay.h 函数为 delay.c 函数和 led.c 函数搭建了桥梁。

在 delay.h 程序中,第 1,2,4 行是常用的模式,"ifndef"全称为"if no define",也就是调用的源程序中没有定义过"__DELAY_H__",那么定义"__DELAY_H__",这样才能调用"void delay();",如果另外一个源程序也调用 delay.h 程序,首先判断有没有定义过"__DELAY_H__",若没有则调用,若调用过则退出调用,这样可以防止 delay 函数被重复调用。

8.1.2　Keil 模块化工程建立

建立模块化工程的方式很多,编者以一种常用的方式为例,先新建文件夹,命名为"LED

闪烁",在该文件夹下新建四个文件夹:"bsp""output""project""user",如图 8.3 所示。

图 8.3 "LED 闪烁"文件夹内容

"bsp"文件夹存放外设电路的程序;

"output"文件夹存放生成的 HEX 文件;

"project"文件夹放工程项目;

"user"文件夹放 main 程序和 pbdata 程序,pbdata 为自定义的程序,存放公用的函数和引脚定义。

打开 Keil 软件,新建工程项目,定位到 project 文件夹,如图 8.4 所示,名字为"LED 闪烁",余下步骤与之前操作相同,建完工程后,右键单击左侧栏的"Target1",选择"manage components"得到如图 8.5 所示界面。

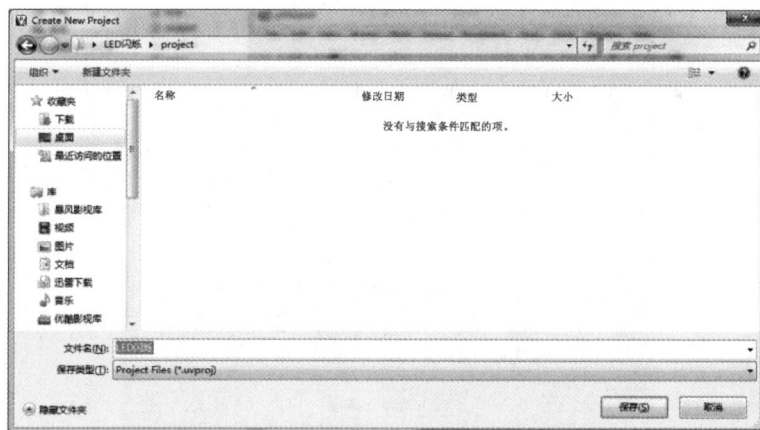

图 8.4 模块化工程建立(一)

双击图 8.5 中的"Target 1",修改为"模块化编程",把"Source Group1"改为"bsp",再增加"user"一行。完成后如图 8.6 所示,再点击"OK",观察工程左侧栏,如图 8.7 所示。

点击菜单栏中的"魔术棒",如图 8.8 红圈所示,出现图 8.9 所示界面,先选择"Output"选项,再勾选"Create HEX File",完成后选择"Select Folder Object",定义到"output"文件夹,如图 8.10 所示,点击确定,此时输出文件配置完毕。

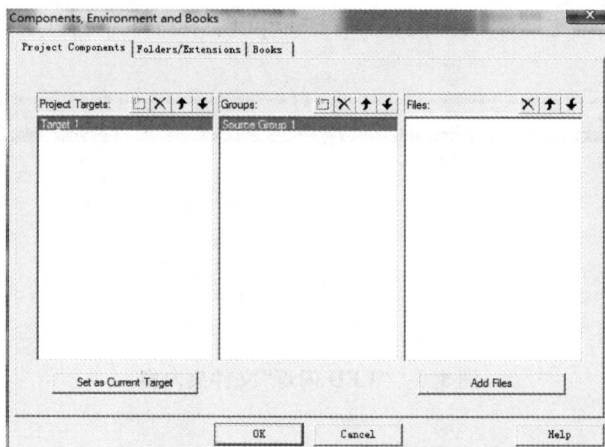

图8.5　模块化工程建立(二)

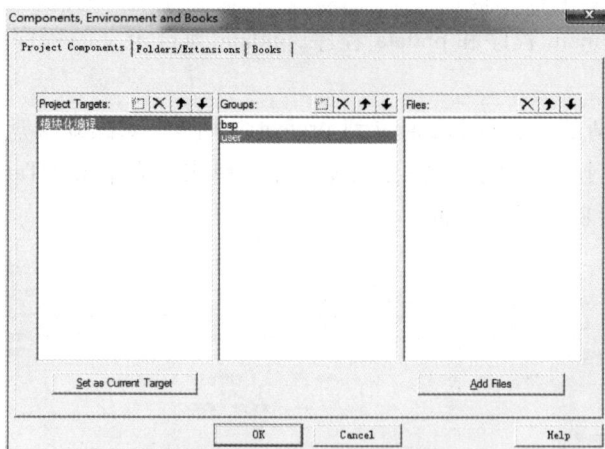

图8.6　模块化工程建立(三)

图8.7　模块化工程建立(四)

图 8.8　模块化工程建立(五)

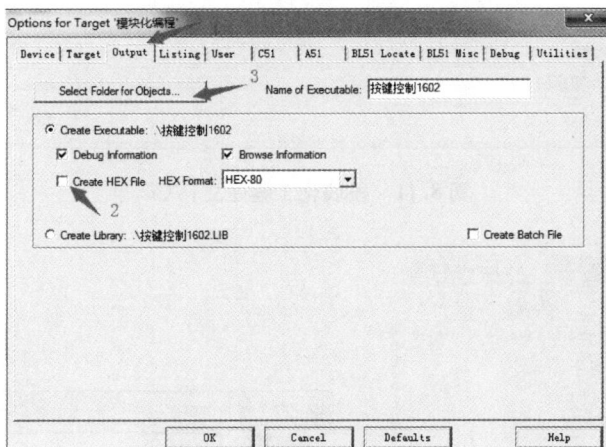

图 8.9　模块化工程建立(六)

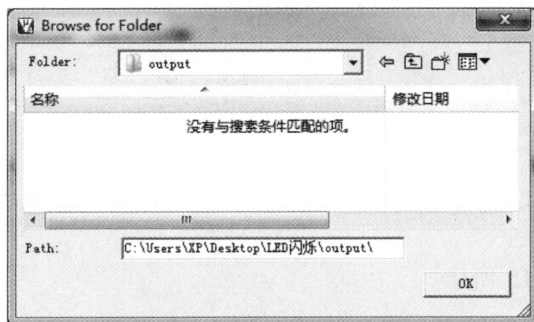

图 8.10　模块化工程建立(七)

新建文档,点击保存,将文件夹定位到 user,输入文件名为"main. c",如图 8.11 所示,同理,新建 pbdata. h 和 pbdata. c 都定位到 user 文件夹,新建 led. c 和 led. h 定位到 bsp 文件夹。

右键"bsp",选择"Add Files to Group 'bsp'",如图 8.12 所示,定位到 bsp 文件夹,添加 led. c 文件,如图 8.13 所示,添加完成后如图 8.14 所示,在 bsp 文件夹下多了 led. c 文件。同理,在 user 文件夹添加 main. c 和 pbdata. c 文件。

图 8.11   模块化工程建立(八)

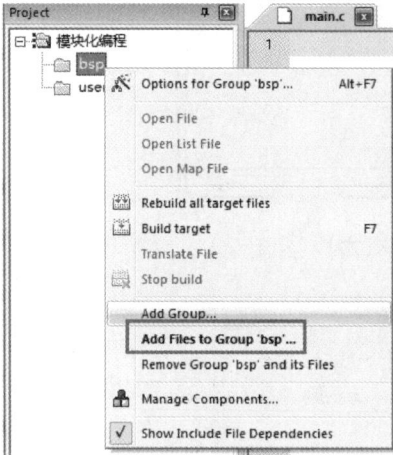

图 8.12   模块化工程建立(九)

图 8.13   模块化工程建立(十)

添加完成后如图 8.15 所示。

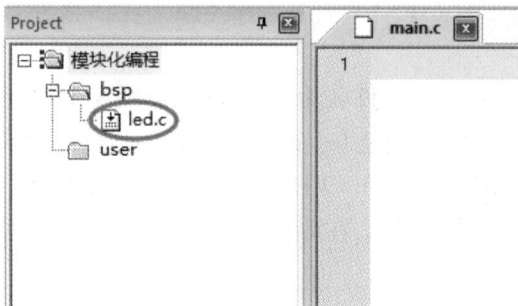

图 8.14   模块化工程建立(十一)

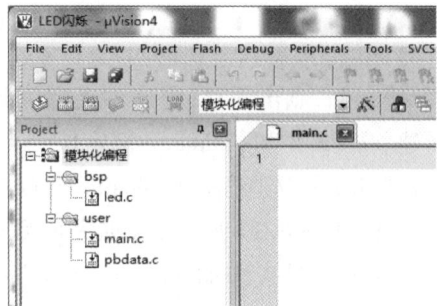

图 8.15   模块化工程建立(十二)

由于自定义了头文件,为了 Keil 软件在编译中能找到相应文件,还需要确定头文件路

径,点击"魔术棒",出现如图 8.16 所示界面,按图标 1,2 操作,出现如图 8.17 所示界面,点
击红色圆圈部分,添加 bsp 和 user 两个文件夹,这是因为这两个文件夹都有. h 文件,完成后
如图 8.18 所示,点击"OK"确定。

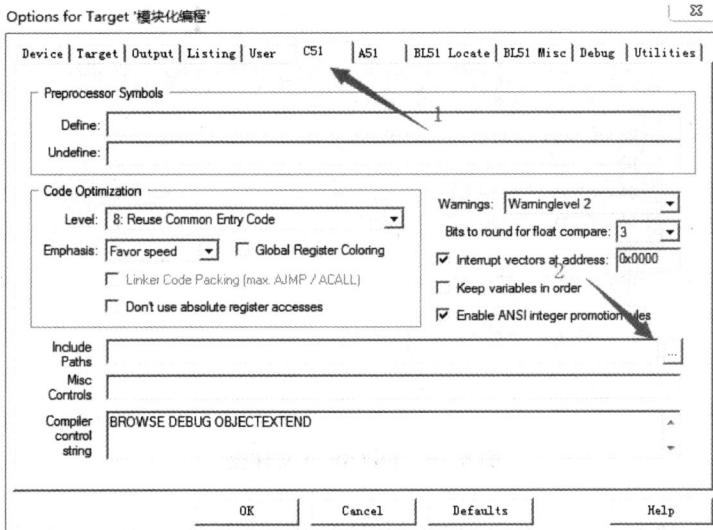

图 8.16　模块化工程建立(十三)

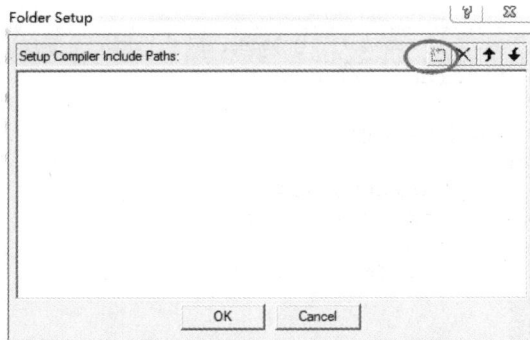

图 8.17　模块化工程建立(十四)

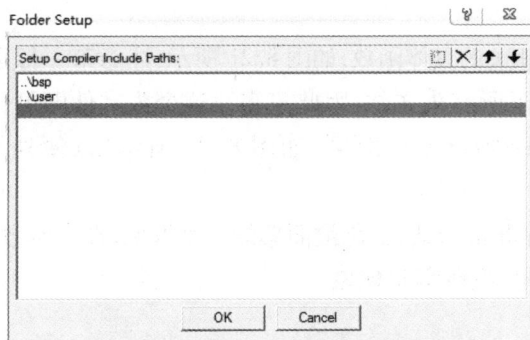

图 8.18　模块化工程建立(十五)

至此完成了模块化工程的建立,接下去再补充点内容,使程序可以通过编译。在 pbdata.h 文件中编写如图 8.19 所示的程序,在 pbdata.h 中放置引脚定义和各类头文件,这样别的头文件只需包含 pbdata.h 文件即可,头文件中用到了"＜＞"和""",记住自定义的头文件用双引号,系统自带的头文件用尖括号!

```
┌ main.c ┐ led.h ┌ pbdata.c ┌ pbdata.h │x│ ┌ led.c
01⊟#ifndef  __PBDATA__H
02 #define  __PBDATA__H
03
04 #include<reg52.h>
05 #include "led.h"
06
07 void delay();
08
09 sbit  LED = P0^7;
10
11 └#endif
```

图 8.19   pbdata.h 文件图

在 pbdata.c 中放置会用的公共函数,如图 8.20 所示,因为很多函数会用到延时,因此放在 pbdata.c 中,注意要把函数名 void delay() 放在 pbdata.h 以便其他函数调用。

```
┌ led.c ┐ PBDATA.H ┌ pbdata.c │x│ ┌ LED.H ┌ main.c
01⊟#include "pbdata.h"
02
03 void delay()
04⊟{
05     unsigned int i , j;
06     for(i=0;i<183;i++)
07     {
08         for(j=0;j<1000;j++);
09     }
10
11 └}
```

图 8.20   pbdata.c 文件图

在 led.c 中放置 led 相关的具体函数,如图 8.21 所示,注意第一行是#include"pbdata.h",由于 pbdata.h 头文件包含了所有头文件,因此只需写这个头文件即可,以后的头文件都类似。

在 led.h 中写 void LedShow();即可,如图 8.22 所示,以便外界函数调用,本程序中 main 函数将会调用。

在 main 函数中,程序非常简洁,也是最简单的一个框架,在主函数里不断执行 LedShow() 函数,如图 8.23 所示,同时观察实验现象。

```
#include "pbdata.h"

void LedShow()
{
    LED = 0;
    delay();
    LED =1;
    delay();

}
```

图 8.21 led.c 文件图

```
#ifndef __LED__H
#define __LED__H

void LedShow();

#endif

```

图 8.22 led.h 文件图

```
#include <pbdata.h>

void main()
{
    while(1)
     {
        LedShow();
     }
}
```

图 8.23 main.c 文件图

【应用演练】

8.2 模块化应用实例分析

8.2.1 按键控制 1602 液晶屏

```
/*****1602.c*****/
#include "pbdata.h"
uchar code table1[]="I love MCU";
uchar code table2[]="I love Zhoushan";
```

```c
uchar * str1 = table1;
uchar * str2 = table2;
void LcdBusy()
{
    LcdDB = 0xFF;
    LcdRS = 0;
    LcdRW = 1;
    LcdEN = 1;
    while(LcdDB&0x80);
    LcdEN = 0;
}
void LcdWrCmd(uchar cmd)
{
    LcdBusy();
    LcdRS = 0;
    LcdRW = 0;
    LcdDB = cmd;
    LcdEN = 1;
    LcdEN = 0;
}
void LcdWrDat(uchar dat)
{
    LcdBusy();
    LcdRS = 1;
    LcdRW = 0;
    LcdDB = dat;
    LcdEN = 1;
    LcdEN = 0;
}
void Lcd_Init()
{
    LcdWrCmd(0x38);
    LcdWrCmd(0x0C);
    LcdWrCmd(0x06);
    LcdWrCmd(0x01);
}
void LcdShow(uchar x,uchar y)
{
    uchar addr;
    if(0 = =y)
    addr = 0x00 + x;
```

```
    else
    addr = 0x40 +x;
    LcdWrCmd( addr |0x80);
}
void LcdShowLine1()
{
    LcdShow(1,0);
    str1 =table1;
    while( *str1 ! ='\0')
    {
        LcdWrDat( *str1 + +);
    }
    str1 =table1;
}
void LcdShowLine2()
{
    LcdShow(1,1);
    str2 =table2;
    while( *str2 ! ='\0')
    {
        LcdWrDat( *str2 + +);
    }
    str2 =table2;
}
void LcdShowLine3()
{
    LcdWrCmd(0x01);
}

/* * * * *1602.h * * * * */
#ifndef __LCD1602__H
#define __LCD1602__H
#include <pbdata.h >
void Lcd_Init();
void LcdWrCmd(uchar cmd);
void LcdWrDat(uchar dat);
void LcdShowLine1();
void LcdShowLine2();
void LcdShowLine3();
#endif
/* * * * * *key.c * * * * * */
```

```c
#include "pbdata.h"
unsigned char KeyNum = 0;
unsigned char KeyLock1 = 0;
unsigned char KeyLock2 = 0;
unsigned char KeyLock3 = 0;
unsigned char KeyLock4 = 0;
void KEY_Scan()
{
    static unsigned char cnt1 = 0xFF;
    static unsigned char cnt2 = 0xFF;
    static unsigned char cnt3 = 0xFF;
    static unsigned char cnt4 = 0xFF;
    cnt1 = (cnt1 < <1) |KEY1;
    cnt2 = (cnt2 < <1) |KEY2;
    cnt3 = (cnt3 < <1) |KEY3;
      cnt4 = (cnt4 < <1) |KEY4;
    if(cnt1 ! = 0x00)
    {
        KeyLock1 = 0;

    }
    else if(KeyLock1 = =0)
    {
        KeyNum = 1;
        KeyLock1 =1;
    }
    if(cnt2 ! = 0x00)
    {
        KeyLock2 = 0;
    }
    else if(KeyLock2 = =0)
    {
        KeyNum = 2;
        KeyLock2 =1;
    }
    if(cnt3! = 0x00)
    {
        KeyLock3 = 0;
    }
    else if(KeyLock3 = =0)
    {
```

```
            KeyNum = 3;
            KeyLock3 = 1;
        }
}
void KEY_Action()
{

    switch(KeyNum)
    {
        case 1：LcdShowLine2();LED1 = ~ LED1;KeyNum = 0;break;
        case 2：LcdShowLine1();LED2 = ~ LED2;KeyNum = 0;break;
        case 3：LcdShowLine3();LED3 = ~ LED3;KeyNum = 0;break;
        default:break;
    }
}
void InterruptTimer0() interrupt 1
{
    TH0 = (65536 - 2000)/256;
    TL0 = (65536 - 2000)% 256;
    KEY_Scan();
}
/* * * * * key.h * * * * * /
#ifndef __KEY__H
#define __KEY__H
#include "pbdata.h"
void KEY_Scan();
void KEY_Action();
#endif
/* * * * * pbdata.c * * * * * /
空
/* * * * * pbdata.h * * * * * /
#ifndef __PBDATA__H
#define __PBDATA__H
#include < reg52 .h >
#define uchar unsigned char
#define uint unsigned int
#include "1602.h"
#include "key.h"
#define LcdDB  P2
sbit KEY1 = P3^0;
sbit KEY2 = P3^1;
```

```
sbit KEY3 = P3^7;
sbit KEY4 = P3^6;
sbit LED1 = P0^0;
sbit LED2 = P0^1;
sbit LED3 = P0^2;
sbit LED4 = P0^3;
sbit  LcdEN = P3^2;
sbit  LcdRW = P3^6;
sbit  LcdRS = P3^7;
#endif
/* * * * *main.c * * * * */
#include <pbdata.h>
void main()
{
    EA = 1;
    TMOD & = 0XFC;
    TMOD | = 0X01;
    TH0 =(65536 –2000)/256;
    TL0 =(65536 –2000)% 256;
    ET0 = 1;
    TR0 = 1;
    Lcd_Init();
    while(1)
    {
        KEY_Action();
    }
}
```

【能力拓展】

8.3　思考与练习题

　　以按键控制 1602 显示屏作为模块化编程实例,在以后实例中,大部分会采用模块化编程,方便移植。下面来完成以下两个实验:
　　1. 以模块化编程方式完成第 5 章中的数码管实验;
　　2. 以模块化编程方式完成第 6 章中 UART 实验。

趣味小贴士

来自 ST 公司的 STM32 系列芯片以性价比高著称,但是由于芯片价格居高不下,因此国内也出现了相应的替代芯片,例如 CKS32、HK32、MM32、N32、CH32、GD32 等。这些国产芯片芯片有很多方面和 STM32 相同,但还是有所区别的,应根据具体使用的芯片手册指导使用,也祝愿我们国产芯片发展越来越好!

第9章 DS1302时钟芯片应用

我们知道,只要会编程就能通过单片机实现各种功能,比如控制数码管、液晶屏等,我们还可以使用单片机进行时间的显示,这个功能非常常用,不管做任何产品都跟时间有联系,为了给我们的单片机"减负",人们设计将与时钟相关的功能集中在一块,DS1302就是其中的一款跟时钟相关的芯片,我们一起来了解一下……

【教学导航】

教	知识重点	1. BCD码的认识; 2. DS1302相关寄存器的配置; 3. 控制指令的使用
	知识难点	1. 时序图的原理; 2. DS1302功能实现
	推荐教学方法	从已知的二进制入手,引入BCD码,阐述BCD码的原理及应用场合;引入生活实例电子表,了解控制芯片DS1302,分析相应的时序图,结合BCD码的知识,控制该芯片实现时间显示的功能
	思政教学	自主分析的探索精神
	建议学时	4~5课时
学	推荐学习方法	通过查阅BCD码相关资料,了解其应用场合;根据之前UART时序图,分析DS1302的相关时序图
	需掌握理论知识	1. BCD码原理及应用场合; 2. 会查看和分析相关的时序图
	需掌握基本技能	1. DS1302时序图的分析; 2. BCD码的原理; 3. DS1302寄存器的控制
	技能目标	读懂DS1302时序图,实现相应的功能

【基础知识】

9.1　DS1302 基础知识

9.1.1　BCD 码的基本概念

BCD 码(Binary – Coded Decimal)亦称二进码十进制数或二十进制代码。BCD 码这种编码形式利用了四个位元来储存一个十进制的数码,使二进制和十进制之间的转换得以快捷的进行。前边讲过十六进制和二进制本质上是一回事,十六进制仅仅是二进制的一种缩写形式。十进制的一位数字,从 0 到 9,最大的数字就是 9,再加 1 就要进位,所以用 4 位二进制表示十进制,就是从 0b0000 到 0b1001,不存在 0b1010、0b1011、0b1100、0b1101、0b1110、0b1111 这 6 个数字。BCD 码如果到了 0b1001,再加 1 数字就变成 0b00010000,相当于用了 8 位的二进制数字表示了 2 位的十进制数字。

BCD 码的应用还是非常广泛的,比如本章要学的实时时钟,日期时间在时钟芯片中的存储格式就是 BCD 码,当需要把它记录的时间转换成可以直观显示的 ASCII 码时(比如在液晶上显示),就可以省去一步由二进制的整型数到 ASCII 的转换过程,而直接取出表示十进制 1 位数字的 4 个二进制位,然后再加上 0x30 就可组成一个 ASCII 码字节了,这样就会方便得多。

9.1.2　DS1302 基本概念

在定时器章节中我们知道单片能进行准确地定时,通过编程可以做电子表,但是这样会大量占用 CPU 资源,因为时钟功能经常会用到,所以单独做成了一个模块 DS1302。DS1302 是 DALLAS(达拉斯)公司推出的一款涓流充电时钟芯片,2001 年 DALLAS 被 MAXIM(美信)收购,因此 DS1302 的数据手册既有 DALLAS 的标志,又有 MAXIM 的标志。DS1302 是专门用于时钟的芯片,该芯片进行相关配置可以对、年、月、日、时、分、秒、星期计时,要做的就是通过单片机从 DS1302 中读取时间,显示在 LCD 1602 或者串口。

9.1.3　DS1302 特点及引脚分布

1. DS1302 特点

(1)DS1302 是一个实时时钟芯片,可以提供秒、分、小时、日、月、年等信息,并且还有软件自动调整的能力,可以通过配置 AM/PM 来决定采用 24 小时格式还是 12 小时格式。

(2)拥有 31 字节数据存储 RAM。

(3)串行 I/O 通信方式,相对并行来说比较节省 I/O 口的使用。

(4)DS1302 的工作电压比较宽,在 2.0～5.5 V 都可以正常工作。

(5)DS1302 时钟芯片功耗一般都很低,它在工作电压 2.0 V 的时候,工作电流小于 300 mA。

(6)DS1302 共有 8 个引脚,有两种封装形式,一种是 DIP – 8 封装,芯片宽度(不含引脚)是 300mil①,一种是 SOP－8 封装,有两种宽度,一种是 150mil,一种是 208mil。如图 9.1 所示的 DIP(Dual In－line Package)封装,就是双列直插式封装技术,开发板上的 STC89C52 单片机也是典型的 DIP 封装。

(7)当供电电压是 5 V 的时候,兼容标准的 TTL 电平标准。

2. DS1302 引脚分布说明

VCC2:芯片主电源引脚,当 VCC2 比 VCC1 高 0.2 V 时,由 VCC2 供电;当 VCC2 比 VCC1 低 0.2 V 时,由 VCC1 供电,如图 9.1 所示。

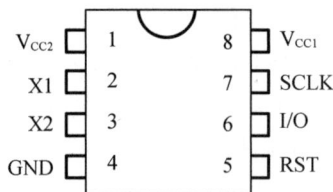

图 9.1　DS1302 引脚分布图

X1、X2:连接标准 32.768 kHz 石英晶体,如需接电容必须使用 6 pF。也可接有源晶振,连接 X1,X2 悬空。晶振是 DS1302 电路的重要组成部分,因为时钟的精度取决于晶振的精度以及晶振的引脚负载电容。如果晶振不准或者负载电容过大或过小,都会导致时钟误差过大。随着温度的变化,晶振的精度也会发生变化,因此在实际的系统中,其中一种方法就是经常校对。

VCC1:VCC1 在没有主电源 VCC2 供电的情况下可以提供低功率运行的条件,如接纽扣电池或者连接电容,经测试在主电源掉电的情况下,VCC1 接 10 μF 的电容可以维持 1 min 左右的时间。

SCLK:作为通信的时钟信号。

I/O:双向数据引脚,用于传输数据。

$\overline{RST}$:DS1302 使能引脚,读写 DS1302 时,高电平有效。

9.1.4　读写 DS1302 内部寄存器

表 9.1 中列出了常用的 8 个寄存器,第一个寄存器表示秒寄存器,"读地址"表示单片机读取 DS1302 的操作,"写地址"表示单片机向 DS1302 写入数据,"Bit7"中的"CH"位为 0 表示时钟开始计时,1 表示时钟停止计时,"Bit0～Bit3"表示秒的个位,"Bit4～Bit6"表示秒的十位。时寄存器中"Bit7"1 表示选择"12 小时模式",0 表示选择"24 小时模式",在"12 小时模式"中"Bit5"为 0 表示 AM,为 1 表示 PM。表中最后一个寄存器中的"Bit7"为写保护位,WP 为 1 表示禁止写入,0 表示允许写入。

---

① 1 mil = 1/1 000 inch = 0.002 54 cm = 0.025 4 mm。

表 9.1　DS1302 内部寄存器说明

读地址	写地址	Bit7	Bit6	Bit5	Bit4	Bit3	Bit2	Bit1	Bit0	范围
81H	80H	CH	10 秒			秒				00 ~ 59
83H	82H	–	10 分钟			分钟				00 ~ 59
85H	84H	12 (/24)	0	10 /AM (PM)	10 小时	小时	1 ~ 12 (0 ~ 23)			
87H	86H	0	0	10 日		日				1 ~ 31
89H	88H	0	0	0	10 月	月				1 ~ 12
8BH	8AH	0	0	0	0	0	星期			1 ~ 7
8DH	8CH	10 年				1 年				00 ~ 99
8FH	8EH	WP	0	0	0	0	0	0	0	–

寄存器 2(分寄存器):bit7 是 1 的话代表是 12 小时制,0 代表是 24 小时制;bit6 固定是 0,bit5 在 12 小时制下 0 代表的是上午,1 代表的是下午,在 24 小时制下和 bit4 一起代表了小时的十位,低 4 位代表的是小时的个位。

寄存器 3(小时寄存器):高 2 位固定是 0,bit5 和 bit4 是日期的十位,低 4 位是日期的个位。

寄存器 4(日寄存器):高 3 位固定是 0,bit4 是月的十位,低 4 位是月的个位。

寄存器 5(月寄存器):高 5 位固定是 0,低 3 位代表了星期。

寄存器 6:高 4 位代表了年的十位,低 4 位代表了年的个位。特别注意,这里的 00 ~ 99 指的是 2000—2099 年。

寄存器 7:最高位一个写保护位,如果这一位是 1,那么是禁止给任何其他寄存器或者 31 个字节的 RAM 写数据的。因此在写数据之前,这一位必须先写成 0。

9.1.5　DS1302 读写操作时序

控制 DS1302 芯片主要有三个引脚,SCLK、I/O、$\overline{RST}$。写操作时序如图 9.2 所示,RST 引脚上面的一个横杠表示此引脚低电平有效,也即给它低电平后芯片复位,不能正常工作,同时可以看到 SCLK 在初始状态为低电平,因此在初始化 DS1302 过程中,SCLK 和 $\overline{RST}$ 均为低电平。

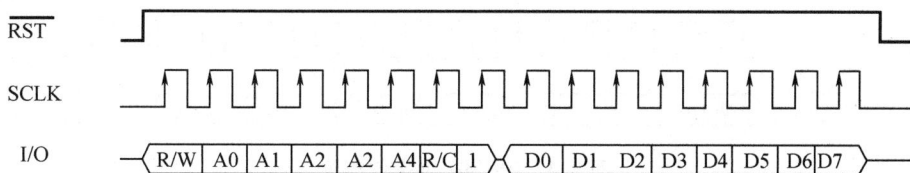

图 9.2　DS1302 写操作时序

在 SCLK 时序中有向上的黑箭头,表示在上升沿锁存数据,此时要把 I/O 口数据提早准备好,SCLK 时钟线拉高的瞬间数据就被送到 DS1302 中(图 9.3)。I/O 上有两个字节,第一个字节内容表示地址,第二个字节表示要写的内容。写数据时先写低位,后写高位。

```
void DS1302Write(ucharreg,uchar dat)
{
    uchar detect;
    DS1302RST = 1;
    for(detect=0x01;detect!=0; detect<<=1)
    {

        if((detect&reg) != 0)
            DS1302DAT = 1;
        else                      写命令操作
            DS1302DAT = 0;
        DS1302CK = 1;
        DS1302CK = 0;
    }
    for(detect=0x01; detect!=0; detect<<=1)
    {

        if((detect&dat) != 0)
            DS1302DAT = 1;
        else                      写数据操作
            DS1302DAT = 0;
        DS1302CK = 1;
        DS1302CK = 0;
    }
    DS1302RST = 0;
}
```

图 9.3　DS1302 写操作程序图

子函数 DS1302Write 有两个参数,一个是 reg 表示要写入的寄存器对象,另一个是 dat 表示要写入的数据。函数中的第一个 for 语句表示写入地址,举例说明使用变量 detect"采集"数据,如 reg 为 0b1000 0101,因为 detect 初值为 0b0000001,detect&reg 的值为 1,不等于 0,则执行"DS1302DAT = 1",此过程巧妙地将 reg 最低位取出来;再执行 detect < <1,则 detect 变为 0b0000 0010;detect&reg 为 0,则执行"DS1302DAT = 0";……循环 8 次则可将 reg 全部取出!

DS1302 读操作时序如图 9.4 所示,基本与写操作时序相同。读操作时序中 I/O 数据线上也是两个字节,第一个字节是写寄存器操作,第二个寄存器是读数据操作。注意第一个字节操作跟写操作时序一样,也就是不管读写首先要确定寄存器对象!

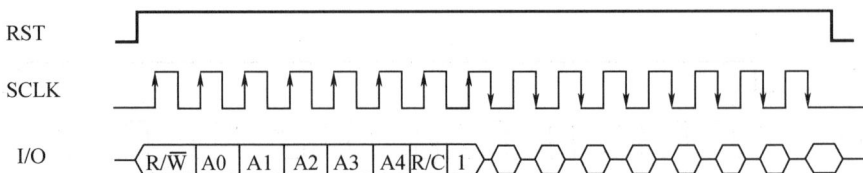

图 9.4　DS1302 读操作时序

第一个字节黑色箭头表示写入的数据在上升沿锁存,第二个字节黑色箭头表示下降沿读取数据。读数据的时候也是先读低位,后读高位。

读操作有两处需要特别注意的地方。第一,DS1302 的时序图上的箭头都是针对 DS1302 来说的,因此读操作的时候,先写第一个字节指令,上升沿的时候 DS1302 来锁存数据,下降沿用单片机发送数据。到了第二个字数据,前沿发送数据,后沿读取数据,第二个字节是 DS1302 下降沿输出数据,单片机上升沿来读取,因此箭头从 DS1302 角度来说,出现在了下降沿。

第二个需要注意的地方就是,单片机没有标准的 SPI 接口,和 I^2C 一样需要用 I/O 口来模拟通信过程。在读 DS1302 的时候,理论上 SPI 是上升沿读取,但是程序是用 I/O 口模拟,所以数据的读取和时钟沿的变化不可能同时。通过实验发现,如果先读取 I/O 线上的数据,再拉高 SCLK 产生上升沿,那么读到的数据一定是正确的,而颠倒顺序后数据就有可能出错。这个问题产生的原因还是在于 DS1302 的通信协议与标准 SPI 协议存在的差异造成的,如果是标准 SPI 的数据线,数据会一直保持到下一个周期的下降沿才会变化,所以读取数据和上升沿的先后顺序就无所谓了;但 DS1302 的 I/O 线会在时钟上升沿后被 DS1302 释放,而此时在 51 单片机引脚内部上拉的作用下,I/O 线上的实际电平会慢慢上升,从而导致在上升沿产生后再读取 I/O 数据的话就可能会出错。因此这里的程序按照先读取 I/O 数据,再拉高 SCLK 产生上升沿的顺序。

读操作中函数 DS1302Read 只有一个参数,addr 表示要读取的寄存器对象,且该函数有返回值,为 uchar 型,读数据操作如图 9.5 所示,第一个 for 语句表示写地址操作,跟图 9.3 中的写地址一样,第二个 for 语句表示读数据操作,根据写操作的实例读者可自行推导一遍。

```
uchar DS1302Read(uchar addr)
{           ← 返回值的类型
    uchar detect;
    uchar dat = 0;

    DS1302RST = 1;
    for(detect=0x01; detect!=0; detect<<=1)
    {

        if((detect&addr) != 0)
            DS1302DAT = 1;
        else
            DS1302DAT = 0;        写地址
        DS1302CK = 1;
        DS1302CK = 0;
    }
    for(detect=0x01; detect!=0; detect<<=1)
    {
        if(DS1302DAT != 0)
        {
            dat |= detect;
        }                        读数据
        DS1302CK = 1;
        DS1302CK = 0;
    }
    DS1302RST = 0;
    return dat;
}
```

图 9.5   DS1302 读操作程序图

9.1.6 DS1302 芯片编程思路

DS1302 是目前现阶段学习到的较为复杂的芯片,对初学者有较大难度,但只要理清思路会发现并不是很难! 整个 DS1302 的操作如图 9.6 所示,数组 buf 每个元素读取出一个寄存器的值,由于在寄存器中读出值有可能包含两部分,如秒寄存器,这就需要通过变量 dis_buf 将个位和十位分别取出进行显示。变量 buf 在定时器中运行,保持数据实时更新,变量 dis_buf 结合 Lcd 程序在 main 函数运行,将取出的每个时间值显示在液晶屏上。

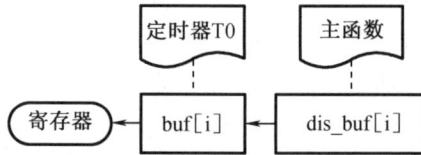

图 9.6 读取 DS1302 芯片思路图

【应用演练】

9.2 DS1302 应用实例分析

9.2.1 单字节操作 DS1302

```
/* * * * * * * * * * DS1302.c * * * * * * * * * * * * * */
#include "pbdata.h"
uchar buf[8];
uchar dis_buf[12];
void DS1302_Display()
{
    dis_buf[0] = '2';
    dis_buf[1] = '0';
    dis_buf[2] = (buf[6] > > 4) + '0';
    dis_buf[3] = (buf[6] & 0x0F) + '0';
    dis_buf[4] = '/';
    dis_buf[5] = (buf[4] > > 4) + '0';
    dis_buf[6] = (buf[4] & 0x0F) + '0';
    dis_buf[7] = '/';
    dis_buf[8] = (buf[3] > > 4) + '0';
    dis_buf[9] = (buf[3] & 0x0F) + '0';
    dis_buf[10] = '\0';
    LcdShowStr(3,0,dis_buf);
```

```
    dis_buf[0] = (buf[5] & 0x0F) + '0';
    dis_buf[1] = '\0';
    LcdShowStr(14, 0, dis_buf);
    dis_buf[0] = (buf[2] >> 4) + '0';
    dis_buf[1] = (buf[2] & 0x0F) + '0';
    dis_buf[2] = ':';
    dis_buf[3] = (buf[1] >> 4) + '0';
    dis_buf[4] = (buf[1] & 0x0F) + '0';
    dis_buf[5] = ':';
    dis_buf[6] = (buf[0] >> 4) + '0';
    dis_buf[7] = (buf[0] & 0x0F) + '0';
    dis_buf[8] = '\0';
    LcdShowStr(4,1,dis_buf);
}
void DS1302Write(uchar reg,uchar dat)
{
    uchar detect;
    DS1302RST = 1;
    for(detect =0x01;detect! =0; detect <<=1)
    {
        if((detect&reg)! = 0)
        DS1302DAT = 1;
        else
        DS1302DAT = 0;
        DS1302CK = 1;
        DS1302CK = 0;
    }
    for(detect =0x01; detect! =0; detect <<=1)
    {
        if((detect&dat)! = 0)
        DS1302DAT = 1;
        else
        DS1302DAT = 0;
        DS1302CK = 1;
        DS1302CK = 0;
    }
    DS1302RST = 0;
}
uchar DS1302Read(uchar addr)
{
    uchar detect;
```

```c
    uchar dat = 0;
    DS1302RST = 1;
    for(detect = 0x01; detect! = 0; detect < < =1)
    {
        if((detect&addr)! = 0)
        DS1302DAT = 1;
        else
        DS1302DAT = 0;
        DS1302CK = 1;
        DS1302CK = 0;
    }
    for(detect = 0x01; detect! = 0; detect < < =1)
    {
        if(DS1302DAT ! = 0)
        {
            dat |= detect;
        }
        DS1302CK = 1;
        DS1302CK = 0;
    }
    DS1302RST = 0;
    return dat;
}
void DS1302Init()
{
    uchar i;
    uchar code TimeInit[] =
    {
        0x50,0x59, 0x24, 0x21, 0x08, 0x02, 0x18
    };
    DS1302RST = 0;
    DS1302DAT = 0;
    i = DS1302Read(0x81);
    if((i & 0x80)! = 0)
    {
        DS1302Write(0x8E, 0x00);
        for(i =0; i <7; i + +)
        {
            DS1302Write((i < <1) |0x80, TimeInit[i]);
        }
    }
```

```
}
/* * * * * * * * * * DS1302.h * * * * * * * * * * * * */
#ifndef __DS1302_H
#define __DS1302_H
#include "pbdata.h"
extern uchar buf[8];
void DS1302_Display();
void DS1302Write(uchar reg,uchar dat);
uchar DS1302Read(uchar addr);
void DS1302Init();
#endif
/* * * * * * * * * * LCD1602.c * * * * * * * * * * * * */
#include "pbdata.h"
void LcdBusy()
{
    LcdDB = 0xFF;
    LcdRS = 0;
    LcdRW = 1;
    LcdEN = 1;
    while(LcdDB&0x80);
    LcdEN = 0;
}
void LcdWriteCmd(uchar cmd)
{
    LcdBusy();
    LcdRS = 0;
    LcdRW = 0;
    LcdDB = cmd;
    LcdEN  = 1;
    LcdEN  = 0;
}
void LcdWriteDat(uchar dat)
{
    LcdBusy();
    LcdRS = 1;
    LcdRW = 0;
    LcdDB = dat;
    LcdEN  = 1;
    LcdEN  = 0;
}
void LcdSet(uchar x, uchar y)
```

```
{
    uchar addr;
    if (y = = 0)
        addr = 0x00 + x + 0x80;
    else
        addr = 0x40 + x + 0x80;
    LcdWriteCmd(addr);
}
void LcdShowStr(uchar x, uchar y, uchar * str)
{
    LcdSet(x, y);
    while ( * str ! = '\0')
}
    LcdWriteDat( * str + +);
}
}
void Lcd1602Init()
{
    LcdWriteCmd(0x38);
    LcdWriteCmd(0x0C);
    LcdWriteCmd(0x06);
    LcdWriteCmd(0x01);
}
/* * * * * * * * * * *LCD1602.h * * * * * * * * * * * * */
#ifndef __LCD1602_H
#define __LCD1602_H
#include "pbdata.h"
void LcdBusy();
void LcdWriteCmd(uchar cmd);
void LcdWriteDat(uchar dat);
void LcdSet(uchar x, uchar y);
void LcdShowStr(uchar x, uchar y, uchar * str);
void Lcd1602Init();
#endif
/* * * * * * * * * * *pbdata.c * * * * * * * * * * * * */
//暂无
/* * * * * * * * * * *pbdata.h * * * * * * * * * * * * */
#ifndef __PBDATA_H
#define __PBDATA_H
#define uchar unsigned char
#include < reg52.h >
```

```c
#include "DS1302.h"
#include "LCD1602.h"
#define LcdDB  P2
sbit DS1302RST = P1^7;
sbit DS1302CK = P3^5;
sbit DS1302DAT = P3^4;
sbit LcdRS = P3^7;
sbit LcdRW = P3^6;
sbit LcdEN = P3^2;
#endif
/* * * * * * * * * *main.c * * * * * * * * * * * * */
#include "pbdata.h"
void Timer0_Init();
void main()
{
    EA = 1;
    Timer0_Init();
    DS1302Init();
    Lcd1602Init();
    while(1)
    {
        DS1302_Display();
    }
}
void Timer0_Init()
{
    TMOD &= 0xF0;
    TMOD |= 0x01;
    TH0 = (65536 - 2000)/256;
    TL0 = (65536 - 2000)%256;
    ET0 = 1;
    TR0 = 1;
}
void Timer0() interrupt 1
{
    static uchar tmr200ms = 0;
    static uchar i = 0;
    TH0 = (65536 - 2000)/256;
    TL0 = (65536 - 2000)%256;
    tmr200ms + +;
    if (tmr200ms > = 200)
```

```
{
        tmr200ms = 0;
    for(i = 0; i < 7; i + + )
        {
            buf[i] = DS1302Read((i < <1) |0x81);
        }
    }
}
```

（1）由表1知通过"buf[6] > > 4"操作可得年寄存器中的十位,通过"buf[6] & 0x0F"操作可得年寄存器中的个位,同理于其他寄存器。由于最终要显示的为 ASCII 码,因此需要加上'0',也可以加上数字48,这是因为'0'的十进制为48。

（2）在"DS1302Write"函数中设定了变量 detect,可以形象地叫作"探针",不容易理解的读者可以通过具体的数值进行演算,理解探针如何运行的。

9.3 思考与练习题

1. 简述 BCD 带来的好处及相关场景的应用。
2. 结合数码管特性,将时间显示在数码管上。

【趣味小贴士】

早期实时时钟(又称 RTC)本质上是一个带有计算机通信口的分频器。它通过对晶振所产生的振荡频率分频和累加,得到年、月、日、时、分、秒等时间信息并通过计算机通信口送入处理器处理。到20世纪90年代中期,出现了新一代 RTC,它采用特殊 CMOS 工艺,功耗大为降低,供电电压仅为1.4 V 以下,和计算机通信口也变为串行方式,出现了诸如三线 SIO/四线 SPI,部分产品采用2线 I2C 总线,包封上采用 SOP/SSOP 封装,体积大大减小,智能化程度大幅提高,具有万年历功能,输出控制也变得灵活多样。

第 10 章　　DS18B20 温度检测

　　温度是人们日常生活中接触最多的物理量之一,人们的日常生活、动植物的生存繁衍和周围环境的温度息息相关,各行各业各领域对温度也有着较高的要求。特别是随着当今科学技术的高速发展,人们对环境温度的要求也越来越高,虽然目前测温度的芯片比较多,但是 DS18B20 在单片机行业中使用较广,本章将会具体阐述 DS18B20 芯片的使用……

【教学导航】

<table>
<tr><td rowspan="5">教</td><td>知识重点</td><td>1. DS18B20 相关寄存器配置;
2. DS18B20 控制时序理解;
3. 相关指令使用</td></tr>
<tr><td>知识难点</td><td>1. DS18B20 读写时序 C 语言实现;
2. DS18B20 读取温度实现</td></tr>
<tr><td>推荐教学方法</td><td>引入温度概念,阐述温度对我们生活生产的重要意义,那么如何获得环境温度,介绍常用的温度芯片 DS18B20,类比之前学过的时序让学生先通过自学进行初步掌握,教学中通过图片、动画具体阐述 DS18B20 的使用</td></tr>
<tr><td>思政教学</td><td>通过测得温度从而进行相应控制,达到节能环保主题</td></tr>
<tr><td>建议学时</td><td>4～5 课时</td></tr>
<tr><td rowspan="4">学</td><td>推荐学习方法</td><td>课前查阅温度芯片的相关资料,了解时序控制,根据自己的理解先通过程序验证;了解 C 语言相关控制语句</td></tr>
<tr><td>需掌握理论知识</td><td>1. DS18B20 器件操作步骤;
2. 相关指令控制</td></tr>
<tr><td>需掌握基本技能</td><td>1. 根据操作时序编写相应的时序;
2. 结合 LCD 完成实验</td></tr>
<tr><td>技能目标</td><td>通过 DS18B20,将采集的温度显示在 LCD1602</td></tr>
</table>

【基础知识】

10.1　相关知识点

10.1.1　DS18B20 基本概念

DS18B20 是美信公司生产的一款温度传感器,可以采集环境温度,单片机通过 1 – Wire 协议与其进行通信,DS18B20 常用的封装和管脚定义如图 10.1 所示。1 – Wire 总线的硬件接口简单,把 DS18B20 的数据引脚和单片机的一个 I/O 口接上即可。

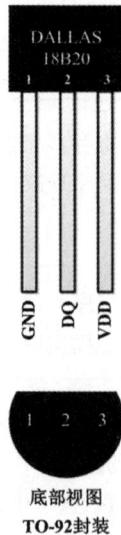

图 10.1　DS18B20 封装和管脚定义

10.1.2　DS18B20 时序详解和相关寄存器配置

DS18B20 器件操作步骤分为以下几步:

第一步:初始化;

第二步:发出跳过 ROM 匹配指令【CCH】;

第三步:发出温度转换命令【44H】;

第四步:初始化;

第五步:发出跳过 ROM 匹配指令【CCH】;

第六步:发出读暂存器命令【BEH】;

第七步:读取 RAM 暂存器中的前两个字节,分别为低字节和高字节。

1. 初始化

在使用 DS18B20 之前首先要检测是否存在该硬件,主机发出复位脉冲,从机发出应答脉冲进行回应,控制时序如图 10.2 所示。粗黑实线表示单片机主机动作,浅灰实线表示 DS18B20 从机动作。首先由单片机主动拉低电平,持续时间为 480 μs ~ 960 μs,再释放电平,由于上拉电阻的作用会拉高电平,持续时间为 15 μs ~ 60 μs,如果此时存在 DS18B20 则该硬件会拉低电平,持续时间为 60 μs ~ 240 μs,然后再释放该总线。

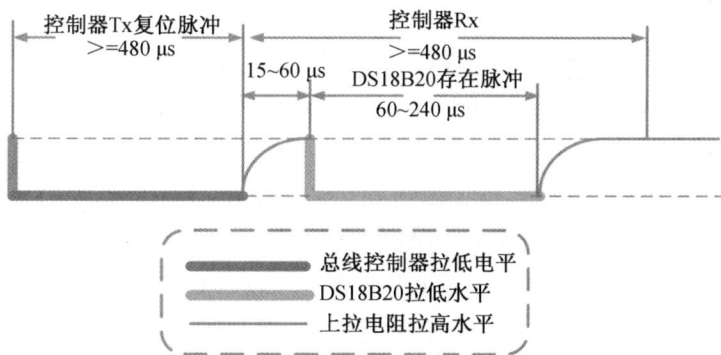

图 10.2 检测存在脉冲时序图

根据脉冲时序图完成对应程序。

```
uchar DS18B20_Reset()
{
    bitackset;
    DS18B20_IO = 0;
    delay_us(60);
    DS18B20_IO = 1;
    delay_us(5);
    ackset = DS18B20_IO;
    delay_us(60);
    while(! DS18B20_IO);
    return ackset;
}
```

由相应的程序可知,单片机拉低电平后持续时间为 600 μs,再释放控制总线,延时 50 μs 后读取总线上的电平,如果此时 DS18B20 存在,则 acket 的值为低电平(0),"while (! DS18B20_IO);"表示等待释放总线!

2. 发出跳过 ROM 匹配指令【CCH】

单片机可以挂载多个 DS18B20,根据 DS18B20 内部的 ROM 来区分各个器件,但由于实验中只用到一个 DS18B20,因此无须区分不同 DS18B20,跳过检测即可,表 10.1 是常用的一些指令,更多指令读者可以参考 DS18B20 使用手册。

表 10.1　DS18B20 相关指令

指令类型	指令	功能	详细描述
ROM 指令	[CCH]	忽略 ROM 指令	允许总线控制器不用提供 ROM 编码就能使用该功能
功能指令	[44H]	温度转换指令	用来控制 DS18B20 启动一次温度转换,生成的数据以 2 字节形式存储在高速暂存器中
	[BEH]	读暂存器指令	读取 DS18B20 暂存器数据,读取将从 0 字节开始到第 8 字节结束。

　　在每个 DS18B20 内部都有一个唯一的 64 位长的序列号,这个序列号值就存在 DS18B20 内部的 ROM 中,是 DS18B20 唯一的序列号。开始的 8 位是产品类型编码(DS18B20 是 0x10),接着的 48 位是每个器件唯一的序号,最后的 8 位是 CRC 校验码,作为 ROM 中的前 56 位编码的校验码。DS18B20 可以引出去很长的线,最长可以到几十米,测不同位置的温度。单片机可以通过和 DS18B20 之间的通信,获取每个传感器所采集到的温度信息,也可以同时给所有的 DS18B20 发送一些指令。这些指令相对来说比较复杂,而且应用很少,大家有兴趣的话可以自己去查手册完成,这里只讲一条总线上只接一个器件的指令和程序。

8 位 CRC	48 位序列号	8 位系列码

　　Skip ROM(跳过 ROM):0xCC。当总线上只有一个器件的时候,可以跳过 ROM,不进行 ROM 检测。

　　3. 发出读暂存器命令[BEH]

　　如图 10.3 所示,指令[BEH]读取高速暂存器中的字节,在本实验中读取了 byte0 和 byte1,图 10.4 为 byte0 和 byte1 的具体内容,一共 2 个字节,LSB 是低字节,MSB 是高字节,其中 MSb 是字节的高位,LSb 是字节的低位。二进制数字代表温度,其中 S 标识位表示温度的正负,0 为正,1 为负,上电默认温度为 85 ℃,测量范围 −55 ~ 125 ℃,从图中还能看到 bit0 ~ bit3 为小数部分,bit4 ~ bit10 为整数部分。

byte0	温度数据低位LSB
byte1	温度数据高位MSB
byte2	TL用户字节1(高温触发值)
byte3	TL用户字节2(高温触发值)
byte4	配置寄存器(设置温度精度)
byte5	保留位(FFH)
byte6	保留位(0CH)
byte7	保留位(10CH)
byte8	CRC校验寄存器

图 10.3　高速暂存器相关地址分配

	bit7	bit6	bit5	bit4	bit3	bit2	bit1	bit0
低位	2^3	2^2	2^1	2^0	2^{-1}	2^{-2}	2^{-3}	2^{-4}

	bit15	bit14	bit13	bit12	bit11	bit10	bit9	bit8
高位	S	S	S	S	S	2^6	2^5	2^4

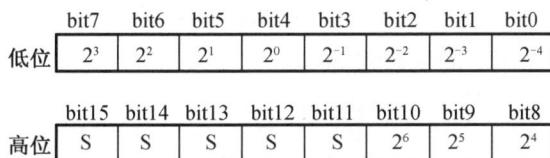

图 10.4　温度寄存器

Byte4 用于配置精度,配置寄存器如图 10.5 所示,主要由 bit6 和 bit5 决定,具体精度值如图 10.6 所示,默认情况为 12 – bit。

Bit7	Bit6	Bit5	Bit4	Bit3	Bit2	Bit1	Bit0
0	R1	R0	1	1	1	1	1

图 10.5　配置寄存器

R1	R0	精度	最大转换时间
0	0	9 – bit	93.75 ms
0	1	10 – bit	187.575 ms
1	0	11 – bit	375 ms
1	1	12 – bit	750 ms

图 10.6　R1 和 R0 精确配制

10.1.3　DS18B20 读写操作时序详解

单片机需要向 DS18B20 读取、写入数据,注意不管是读还是写操作都是针对单片机操作!

首先介绍写"0"操作时序,如图 10.7 左边部分所示,由单片机拉低电平,持续时间大于 60 μs 小于 120 μs。图上显示的意思是,单片机先拉低 15 μs 之后,DS18B20 会在从 15 μs 到 60 μs 之间的时间来读取这一位,DS18B20 最早会在 15 μs 的时刻读取,典型值是在 30 μs 的时刻读取,最多不会超过 60 μs,DS18B20 必然读取完毕,所以持续时间超过 60 μs 即可。

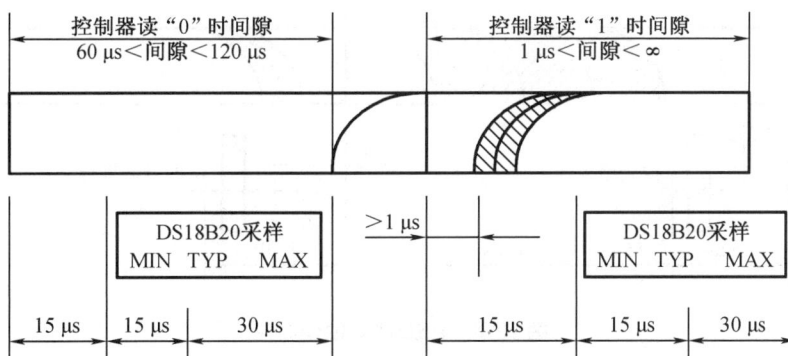

图 10.7　DS18B20 写时序

图 10.7 右边表示写"1"操作时序,首先由单片机拉低电平,持续时间大于 1 μs,也不能过长,再释放总线,总的操作时间要超过 60 μs。

```
void DS18B20_WriteBYte(uchar dat)
{
    uchar udat,i;
    for(i = 0;i < 8;i + +)
    {
        udat = dat&0x01;
        if(udat)
        {
            DS18B20_IO = 0;
            _nop_();_nop_();
            DS18B20_IO = 1;
            delay_us(6);
        }
        else
        {
            DS18B20_IO = 0;
            delay_us(7);
            DS18B20_IO = 1;
            delay_us(2);
        }
        dat = dat > >1;
    }
}
```

由图 10.8 可知,单片机的读操作时序在 15 μs 内完成,首先由单片机把控制总线拉低,至少持续 1 μs,再释放,此时 DS18B20 输出高电平或者低电平,若是读"0"操作,此时 DS18B20 会继续拉低电平,若是读"1"操作,由于上拉电阻的作用则为高电平。

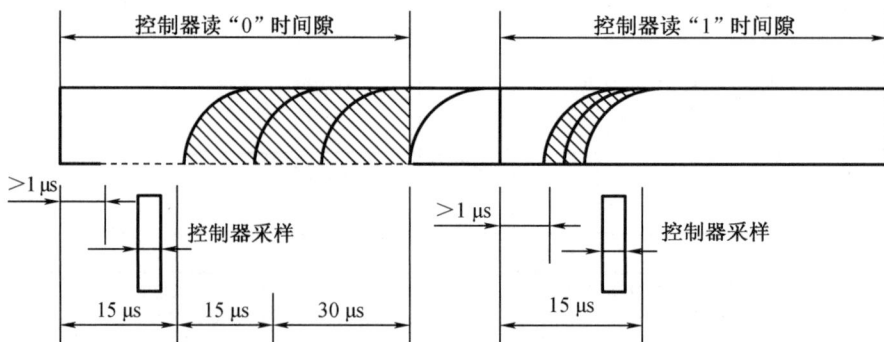

图 10.8   DS18B20 位读时序

```
uchar DS18B20_ReadBYte()
{
    uchar udat,detect;
    for(detect = 0x01;detect! = 0;detect < < =1)
    {
        DS18B20_IO = 0;
        _nop_();_nop_();
        DS18B20_IO = 1;
        _nop_();_nop_();
        if(DS18B20_IO)
        {
            udat = udat|detect;
        }
        else
        {
            udat = udat&( ~detect);
        }
        delay_us(6);
    }
    return udat;
}
```

【应用演练】

10. 2　DS18B20 应用实例分析

采集温度值在 Lcd1602 显示

```
/* * * * * * * * * * * * * main.c * * * * * * * * * * * * * */
#include "pbdata.h"
void main()
{
    Lcd1602Init();
    LcdShowStr(0,0," THE TEMP IS:");
    while(1)
    {
        unsigned int Tem;
        unsigned char i =0;
        unsigned char buf[6];
        unsigned int zheng;
```

```c
    unsigned char xiao;
    unsigned char str[12];
    unsigned char j = 0;
    DS18B20_Init();
    DS18b20_Get_Tem(&Tem);//Tem取得温度值
    if(flag1)//flag为1表示温度值为正
    {
        zheng = Tem >> 4;//取得温度值整数部分
        xiao = Tem&0xf;//取得温度值小数部分
        do{
        buf[i++] = zheng% 10 + '0';//依次取出数值,转换成ASCII码
        zheng = zheng /10;
        }while(zheng >0);

        while(i-->0)
        {
            str[j++] = buf[i];
        }
        str[j++] = '.';

        str[j++] = xiao * 10 /16 + '0';
        str[j++] = '\0';
        LcdShowStr(0,1,str);
    }
    else
    {
    Tem = ~Tem +1;
    buf[i++] = '-';
    zheng = Tem >> 4;
    xiao = Tem&0xf;
    do{
    buf[i++] = zheng% 10 + '0';
    zheng = zheng /10;
    }while(zheng >0);
    while(i-- > 0)
    {
        str[j++] = buf[i];
    }
    str[j++] = '.';

    str[j++] = (xiao * 10) /16 + '0';
```

```
        str[j + +] = ' \0';
        LcdShowStr(0,1,str);
        }


    }

}
/ * * * * * * * * * * * * pbdata.c * * * * * * * * * * * * * /
#include "pbdata.h"
void delay_us(uchar i)
{
    while(i - -)
    {
        _nop_();_nop_();_nop_();
        _nop_();_nop_();_nop_();
        _nop_();_nop_();_nop_();_nop_();
    }


}
/ * * * * * * * * * * * * * * * * * * * * * * * * *
①个机器周期为_nop_();,需要加头文件#include < intrins.h >;
②Delay_us(uchar i)实现(i * 10)μs 延时。
 * * * * * * * * * * * * * * * * * * * * * * * * * * * /
/ * * * * * * * * * * * * pbdata.h * * * * * * * * * * * * * /
#ifndef __PBDATA_H__
#define __PBDATA_H__
#include < reg52.h >
#include "ds18b20.h"
#include "LCD1602.h"
#include < intrins.h >
#define uchar unsigned char
#define uint unsigned int
#define LcdDB   P2
sbit LcdRS = P3^7;
sbit LcdRW = P3^6;
sbit LcdEN = P3^2;
sbit DS18B20_IO = P1^4;
void delay_us(uchar i);
#endif
/ * * * * * * * * * * * * ds18b20.c * * * * * * * * * * * * * /
#include "pbdata.h"
bit flag1 = 0 ;
```

```c
uchar DS18B20_Reset()
{
    bit ackset;
    DS18B20_IO = 0;
    delay_us(60);
    DS18B20_IO = 1;
    delay_us(5);
    ackset = DS18B20_IO;
    delay_us(60);
    while(! DS18B20_IO);
    return ackset;
}
void DS18B20_WriteBYte(uchar dat)
{
    uchar udat,i;
    for(i = 0;i < 8;i + +)
    {
        udat = dat&0x01;
        if(udat)
        {
            DS18B20_IO = 0;
            _nop_();_nop_();
            DS18B20_IO = 1;
            delay_us(6);
        }
        else
        {
            DS18B20_IO = 0;
            delay_us(7);
            DS18B20_IO = 1;
            delay_us(2);
        }
        dat = dat > >1;
    }
}
uchar DS18B20_ReadBYte()
{
    uchar udat,detect;
    for(detect = 0x01;detect! =0;detect < < =1)
    {
        DS18B20_IO = 0;
```

```
            _nop_();_nop_();
            DS18B20_IO = 1;
            _nop_();_nop_();
            if(DS18B20_IO)
            {
                udat = udat |detect;
            }
            else
            {
                udat = udat&( ~detect);
            }
            delay_us(6);
    }
    return udat;
}
void DS18b20_Get_Tem(unsigned int * num)
{


    uchar LSB,MSB;
    DS18B20_Reset();
    DS18B20_WriteBYte(0xCC);
    DS18B20_WriteBYte(0xBE);
    LSB = DS18B20_ReadBYte();
    MSB = DS18B20_ReadBYte();
     *num =((uint)MSB < <8) +LSB;
    if( *num < =0x07FF)//判断是否为正值
    {
        flag1 = 1;
    }
    else//若 flag1 为 0 则温度为负值
    {
        flag1 = 0;
    }
}
void DS18B20_Init()
{
    DS18B20_Reset();
    DS18B20_WriteBYte(0xcc);
    DS18B20_WriteBYte(0x44);
}
/* * * * * * * * * * * *ds18b20.h* * * * * * * * * * * * * */
```

```c
#ifndef __DS18B20_H__
#define __DS18B20_H__
#include "pbdata.h"
void DS18B20_WriteBYte(unsigned char dat);
unsigned char DS18B20_ReadBYte();
void DS18b20_Get_Tem(unsigned int * num);
void DS18B20_Init();
extern bit flag1;
//extern  unsigned char buf[8];
unsigned char DS18B20_Reset();
extern unsigned char str[12];
#endif
/* * * * * * * * * * * *LCD1602.c * * * * * * * * * * * * */
#include "pbdata.h"
void LcdBusy()
{
    LcdDB = 0xFF;
    LcdRS = 0;
    LcdRW = 1;
    LcdEN = 1;
    while(LcdDB&0x80);
    LcdEN = 0;
}
void LcdWriteCmd(uchar cmd)
{
    LcdBusy();
    LcdRS = 0;
    LcdRW = 0;
    LcdDB = cmd;
    LcdEN  = 1;
    LcdEN  = 0;
}
void LcdWriteDat(uchar dat)
{
    LcdBusy();
    LcdRS = 1;
    LcdRW = 0;
    LcdDB = dat;
    LcdEN  = 1;
    LcdEN  = 0;
}
```

```c
void LcdSet(uchar x, uchar y)
{
    uchar addr;
    if (y = = 0)
        addr = 0x00 + x + 0x80;
    else
        addr = 0x40 + x + 0x80;
    LcdWriteCmd(addr);
}
void LcdShowStr(uchar x, uchar y, uchar *str)
{
    LcdSet(x, y);
    while ( *str ! ='\0')
    {
    LcdWriteDat( *str + +);
    }
}
void Lcd1602Init()
{
    LcdWriteCmd(0x38);
    LcdWriteCmd(0x0C);
    LcdWriteCmd(0x06);
    LcdWriteCmd(0x01);
}
/* * * * * * * * * * * * * LCD1602.h * * * * * * * * * * * * * */
#ifndef __LCD1602_H
#define __LCD1602_H
#include "pbdata.h"
void LcdBusy();
void LcdWriteCmd(unsigned char cmd);
void LcdWriteDat(unsigned char dat);
void LcdSet(unsigned char x, unsigned char y);
void LcdShowStr(unsigned char x, unsigned char y, unsigned char *str);
void Lcd1602Init();
#endif
```

【能力拓展】

10.3 思考与练习题

1. 除了 DS18B20 之外,还有没有别的器件采集温度,DS18B20 的优势是什么?

2. 如果没有采用 BCD 码,会造成怎样的困难?

3. 采用模块化编程,本小节具体展示了通过时序图控制 DS13B20,将采集到的温度值显示在 4 位数码管上!

【趣味小贴士】

2016 年 6 月,我国三沙航迹珊瑚礁保护研究所科研人员采用科学器材,成功探明了西沙蓝洞的深度为 300.89 米,据悉,在机器人不断下潜过程中,机器人会用遥控机械手抓取底质样本,进行温度、深度、方位的实时记录。温度传感器会在机器人下潜过程中,传回海水温度的即时数据。一般来说,机器人下潜深度每下降 8 米,水温就下降 1 摄氏度,通过多个参数确定深度,温度传感器在此次作业中发挥了巨大作用。

第11章 数模 A/D 和模数 D/A 转换的基本应用

在我们学习过程中经常会听到"数字量(Digital)""模拟量(Analog)"，有的读者可能大概有些印象，但是记不起具体的定义，其实以我们生活中的例子来比喻就很简单，比如温度、湿度是模拟量，它们的共同特点就是时时刻刻都存在某个数值，那么对应的数字量就是在某个时刻不一定存在这个值……

【教学导航】

教	知识重点	1. A/D 和 D/A 概念区分； 2. PCF8591 硬件原理； 3. IIC 时序理解
	知识难点	1. A/D 指标理解； 2. IIC 时序编程
	推荐教学方法	结合上章温度概念，引出温度的另一个特性——连续性，即模拟量，列举生活中其他的模拟量；单片机只能处理数字量，那么需要某种芯片将模拟量转换成数字量处理，引入 PCF8591 模块，让学生通过资料先自学，最后现场演示完成实验
	思政教学	通过生活中实物类比掌握数字量和模拟量
	建议学时	4~5 课时
学	推荐学习方法	课前查阅数模转换芯片的相关资料，了解 I^2C 时序控制，根据自己的理解先通过程序验证；了解 C 语言相关控制语句
	需掌握理论知识	1. PCF8591 模块操作步骤； 2. 相关指令控制
	需掌握基本技能	1. 根据操作时序编写相应的时序； 2. 结合 LCD1602 完成实验
	技能目标	通过 PCF8591 模块，将数字量显示在 LCD1602

【基础知识】

11.1　相关知识点

单片机是一个典型的数字系统。数字系统只能对输入的数字信号进行处理,但是在工业检测系统和日常生活中的许多物理量都是模拟量,这些模拟量可以通过传感器变成与之对应的数字量便于处理和显示。

11.1.1　A/D 和 D/A 的基本概念

A/D 是模拟量到数字量的转换,依靠的是模数转换器(Analog to Digital Converter),简称 ADC。D/A 是数字量到模拟量的转换,依靠的是数模转换器(Digital to Analog Converter),简称 DAC。本项目中主要以 A/D 为例。

模拟量是指变量在一定范围内连续变化的量,在任意时刻都有相应的值与之对应。比如天气温度值,在每时每刻都有温度值,也称之为连续变化的量。相对应的是数字量,数字量只有在特定的时间才有相对应的值,由于有一定的间隔,不是连续的,也称之为离散。ADC 就是把连续的信号用离散的数字表达出来。

11.1.2　A/D 的主要指标

在选取和使用 A/D 的时候,依靠什么指标来判断很重要。由于 A/D 的种类很多,分为积分型、逐次逼近型、并行/串行比较型等多种类型,同时指标也比较多,下面简要介绍常用的三种。

1. ADC 的位数

一个 n 位的 ADC 表示这个 ADC 共有 2 的 n 次方个刻度。8 位的 ADC,输出的是从 0 ~ 255 一共 256 个数字量,也就是 2^8 个数据刻度。

2. 基准源

基准源,也叫基准电压,是 ADC 的一个重要指标,要想把输入 ADC 的信号测量准确,那么基准源首先要准,基准源的偏差会直接导致转换结果的偏差。

3. 分辨率

分辨率是数字量变化一个最小刻度时,模拟信号的变化量,定义为满刻度量程与 $2n-1$ 的比值。假定 5.10 V 的电压系统,使用 8 位的 ADC 进行测量,那么相当于 0 ~ 255 一共 256 个刻度把 5.10 V 平均分成了 255 份,那么分辨率就是 5.10/255 = 0.02 V。

11.1.3　PCF8591 模块硬件应用说明

PCF8591(图 11.1)是 Philips 公司的产品,是一个单电源低功耗的 8 位 CMOS 数据采集器件,具有 4 路模拟输入,1 路模拟输出和一个串行 I^2C 总线接口用来与单片机通信,该模块共有 8 个引脚,在本项目中接左侧的 SCL、SDA、GND、VCC 即可。

图 11.1 中具有 16 引脚的芯片即为 PCF8591,原理图如图 11.2 所示。该芯片允许最多 8 个器件连接到 I²C 总线而不需要额外的片选电路。器件的地址、控制以及数据都是通过 I²C 总线来传输的,PCF8591 的 ADC 是逐次逼近型,转换速度取决于 I²C 的通信速率。由于 I²C 速度的限制,所以 PCF8591 是低速的 A/D 和 D/A 集成,主要应用在一些转换速度要求 不高,希望成本较低的场合,比如电池供电设备,测量电池的供电电压。

图 11.1　PCF8591 模块实物图

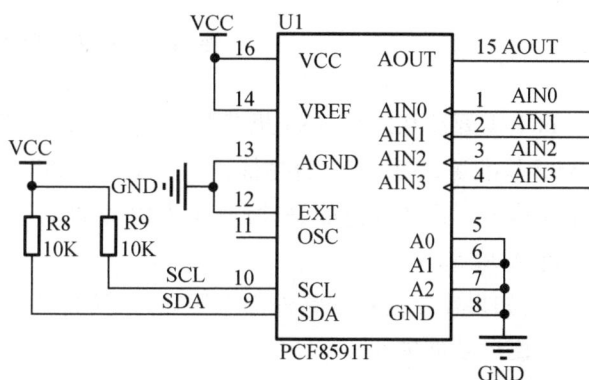

图 11.2　PCF8591 芯片连接原理图

图 11.2 中引脚 1,2,3,4 是 4 路模拟输入,对应的实物是图 11.1 中的右侧引脚,通过丝 印层即可观察得到。5,6,7 引脚对应 A0,A1,A2,是 I²C 总线的硬件地址,用于编程硬件地 址,8 脚是数字地 GND,9 脚和 10 脚是 I²C 总线的 SDA 和 SCL。12 脚是时钟选择引脚,如果 接高电平表示用外部时钟输入,接低电平则用内部时钟,电路用的是内部时钟,因此 12 脚直 接 GND,同时 11 脚悬空。13 脚是模拟地 AGND,在实际开发中,如果有比较复杂的模拟电 路,那么 AGND 部分在布局布线上要特别处理,而且和 GND 的连接也有多种方式。在板子 上没有复杂的模拟部分电路,所以把 AGND 和 GND 接到一起。14 脚是基准源,15 脚是 DAC 的模拟输出,16 脚是供电电源 VCC。

14 脚 Vref 基准电压的提供有两种方法。一是采用简易的原则,直接接到 VCC 上去,但 是由于 VCC 会受到整个线路的用电功耗情况影响,相对来说并不是很准确,通常用于精度 要求不高的场合。方法二是使用专门的基准电压器件,比如 TL431,它可以提供一个精度很 高的 2.5 V 的电压基准,本项目中采用方法一。

1. PCF8591 模块使用说明

模块共有 3 个黑色短路帽,如图 11.1 PCF8591 模块所示,通过丝印层观察可见 J4、J5、 J6,相应的原理图如图 11.3 所示,分别作用如下:

P4 接上 P4 短路帽,选择热敏电阻接入电路,AN1 通路;

P5 接上 P5 短路帽,选择光敏电阻接入电路,AN0 通路;

P6 接上 P6 短路帽,选择 0～5 V 可调电压接入电路,AN3 通路;

由于在本实验中读取该 3 路的具体值,所以实验中并未取下短路帽。

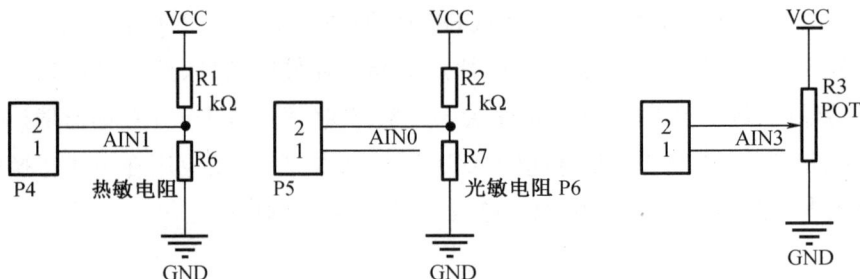

图 11.3　模块引脚连接方式

这里需要注意的是 AN3 虽然测的是 +5 V 的值,但是对于 A/D 来说,只要输入信号超过 Vref 基准源,它得到的始终都是最大值,即 255,也就是说它实际上无法测量超过其 Vref 的电压信号。需要注意的是,所有输入信号的电压值都不能超过 VCC,即 +5 V,否则可能会损坏 ADC 芯片。

注:如果需要使用四路外部电压输入,请将 3 个红色短路帽都取下。

2. 模块功能描述

(1)模块支持外部 4 路电压输入采集(电压输入范围 0～5 V);

(2)模块集成光敏电阻,可以通过 A/D 采集环境光强精确数值;

(3)模块集成热敏电阻,可以通过 A/D 采集环境温度精确数值;

(4)模块集成 1 路 0～5 V 电压输入采集(通过蓝色电位器调节输入电压);

(5)模块带电源指示灯(对模块供电后指示灯会亮);

(6)模块带 D/A 输出指示灯,当模块 D/A 输出接口电压达到一定值,会点亮板上 D/A 输出指示灯,电压越大,指示灯亮度越明显;

(7)模块 PCB 尺寸:3.6 cm×2.3 cm;

(8)标准双面板,板厚 1.6 mm,布局美观大方,四周设有通孔,孔径为 3 mm,方便固定。

11.1.4　PCF8591 的软件编程

PCF8591 的通信接口是 I^2C。单片机对 PCF8591 进行初始化,一共发送三个字节即可。第一个字节是器件地址字节,其中 7 位代表地址,1 位代表读写方向(最低位),"0"表示主机向从机写数据,"1"表示主机向从机读数据。地址高 4 位固定是 0b1001,低三位是 A2、A1、A0,这三位电路上都接了 GND,因此也就是 0b000,如图 11.4 所示。

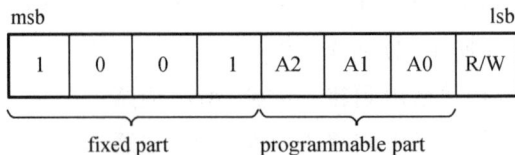

图 11.4　PCF8591 地址字节

在程序中有这么一段代码,0x48 是由高四位和低 3 位组成的,即 0b1001000,由于读写位在第 0 位,所以需要整体左移一位,程序中 if 用于判断是否存在该器件,如果不存在则 I2CWrite 函数返回 1,执行 I2CStop( );return 0;这两条语句,return 函数会结束当前函数;反之,返回 0,略过 if 语句,继续执行下面的语句:

```
if(I2CWrite(0x48 < <1))
{
    I2CStop();
    return 0;
}
```

发送到 PCF8591 的第二个字节将被存储在控制寄存器,用于控制 PCF8591 的功能。其中第 3 位和第 7 位是固定的 0,另外 6 位各自有各自的作用,如图 11.5 所示。

msb							lsb
0	×	×	×	0	×	×	×

图 11.5　PCF8591 控制字节

控制字节的第 6 位是 D/A 使能位,这一位置 1 表示 D/A 输出引脚使能,会产生模拟电压输出功能。第 4 位和第 5 位可以实现把 PCF8591 的 4 路模拟输入配置成单端模式和差分模式,这里只需要知道这两位是配置 A/D 输入方式的控制位即可,如图 11.6 所示,本项目中采用"00"模式。

控制字节的第 2 位是自动增量控制位,自动增量的意思就是,比如一共有 4 个通道,当全部使用的时候,读完了通道 0,下一次再读,会自动进入通道 1 进行读取,不需要我们指定下一个通道,由于 A/D 每次读到的数据,都是上一次的转换结果,所以在使用自动增量功能的时候,要特别注意,当前读到的是上一个通道的值!

控制字节的第 0 位和第 1 位就是通道选择位,00,01,10,11 代表了从 0 到 3 的一共 4 个通道选择。

发送给 PCF8591 的第三个字节 D/A 数据寄存器,表示 D/A 模拟输出的电压值。如果仅仅使用 A/D 功能的话,就可以不发送第三个字节。

11.1.5　I^2C 总线与通讯时序的介绍

在项目六中接触到了第一种通信协议——UART 异步串行通信,本项目中学习第二种通信协议——I^2C。I^2C 总线是由 PHILIPS 公司开发的两线式串行总线,多用于连接微处理器及其外围芯片。I^2C 总线的主要特点是接口方式简单,两条线可以挂多个参与通信的器件,即多机模式,而且任何一个器件都可以作为主机,当然同一时刻只能有一个主机。I^2C 属于同步通信,SCL 时钟线负责收发双方的时钟节拍,SDA 数据线负责传输数据。I^2C 的发送方和接收方都以 SCL 这个时钟节拍为基准进行数据的发送和接收。在本项目中,I^2C 用于单片机和 PCF8591 之间的通信。

```
00    Four single-ended inputs
      AIN0 ——————————— channel 0
      AIN1 ——————————— channel 1
      AIN2 ——————————— channel 2
      AIN3 ——————————— channel 3

01    Three differential imputs
      AIN0 ——+
             |        channel 0
          ——-
      AIN1 ——+
             |        channel 1
          ——-
      AIN2 ——+
             |        channel 2
      AIN3 ——-

10    Single-ended and differential mixed
      AIN0 ——————————— channel 0
      AIN1 ——————————— channel 1
      AIN2 ——+
             |        channel 2
      AIN3 ——-

11    Two differential inputs
      AIN0 ——+
             |        channel 0
      AIN1 ——-
      AIN2 ——+
             |        channel 1
      AIN3 ——-
```

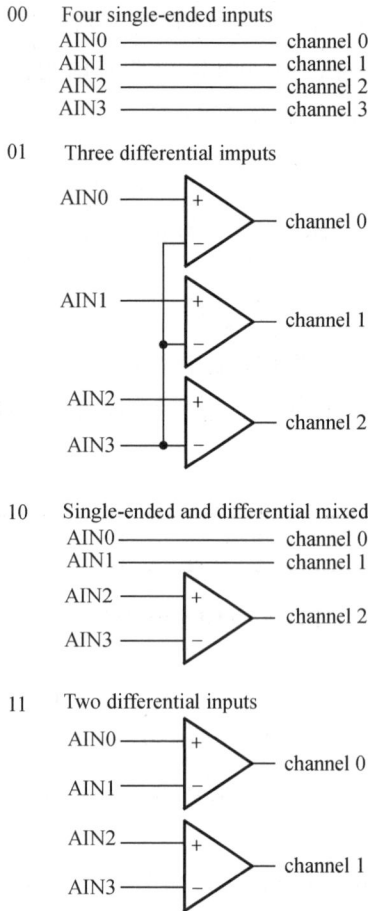

图 11.6　PCF8591 模拟输入配置方式

1. I^{2}C 寻址模式

I^{2}C 通信在字节级的传输中,也有固定的时序要求。I^{2}C 通信的起始信号(Start)后,首先要发送一个从机的地址,这个地址一共有 7 位,紧跟着的第 8 位是数据方向位(R/W),"0"表示接下来要发送数据(写),"1"表示接下来是请求数据(读)。

当发送完了这 7 位地址和 1 位方向后,如果发送的这个地址确实存在,那么这个地址的器件应该回应一个 ACK(拉低 SDA 即输出"0"),如果不存在,就无"人"回应 ACK(SDA 将保持高电平即"1")。ACK 类似在打电话的时候,当拨通电话,接听方捡起电话肯定要回一个"喂",这就是告诉拨电话的人,这边有人了。同理,第九位 ACK 实际上起到的就是这样一个作用。

之前提到过 PCF8591 的 7 位地址中高 4 位固定是 0b1001,紧接低三位是 A2、A1、A0,这三位电路上都接了 GND,因此也就是 0b000,因此 PCF8591 的 7 位地址实际上是二进制的 0b100 1000,也就是 0x48。

2. I^{2}C 时序认识

I^{2}C 总线是由时钟总线 SCL 和数据总线 SDA 两条线构成,所有器件的 SCL 都连到一起,所有 SDA 都连到一起。I^{2}C 总线是开漏引脚并联的结构,因此外部要添加上拉电阻。对于开漏电路外部加上拉电阻,就组成了线"与"的关系。总线上线"与"的关系就是说,所有接入的器件保持高电平,这条线才是高电平,而任何一个器件输出一个低电平,那这条线就会保持低电平,因此可以做到任何一个器件都可以拉低电平,也就是任何一个器件都可以作为主机,如图 11.2 所示,添加了 R8 和 R9 两个上拉电阻。

虽然说任何一个设备都可以作为主机,但绝大多数情况下都是用单片机来做主机,而总线上挂的多个器件,每一个都像电话机一样有自己唯一的地址,在信息传输的过程中,通过这唯一的地址就可以正常识别到属于自己的信息。

I^2C 在通信过程中有起始信号、数据传输和停止信号,如图 11.7 所示。

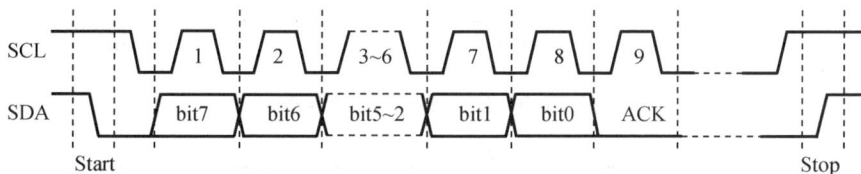

图 11.7　I^2C 通信流程解析

I^2C 分为起始信号、数据传输部分、停止信号。其中数据传输部分,可以一次通信过程传输很多个字节,字节数是不受限制的,而每个字节的数据最后也跟了一位,这一位叫作应答位,通常用 ACK 表示应答,NACK 表示非应答。

起始信号:UART 通信是从一直持续的高电平出现一个低电平标志起始位;而 I^2C 通信的起始信号的定义是 SCL 为高电平期间,SDA 由高电平向低电平变化产生一个下降沿,表示起始信号,如图 11.7 中的 Start 部分所示,相应的代码如下所示:

```
void I2CStart()
    {
        I2C_SDA = 1; //首先确保 SDA、SCL 都是高电平
        I2C_SCL = 1;
        Delay();
        I2C_SDA = 0; //先拉低 SDA
        Delay();
        I2C_SCL = 0; //再拉低 SCL
    }
```

根据程序的时序图较易理解,程序中使用了 Delay() 函数,那么 Delay() 延时多少时间?在程序定义中可以看到

\#define Delay()　{_nop_();_nop_();_nop_();_nop_();_nop_();}

一个_nop_()表示大概是一个机器周期,约为 5 μs,为什么是这个值? 根据 PCF8591 操作手册要求,如图 11.8 所示,需要持续 $t_{HD;STA}$ 的时间,结合图 11.9,$t_{HD;STA}$ 的最小值为 4 μs,没有最大值,从图 11.9 中还可以看到有的需要持续 5 μs,所以统一方便定义 Delay() 的时间为 5 个_nop_()。

PROTOCOL	START CONDITION (S)	BIT7 MSB (A7)	BIT6 (A6)		BIT 0 LSB (R/$\overline{W}$)	ACKNOWLEDGE (A)	STOP CONDITION (P)

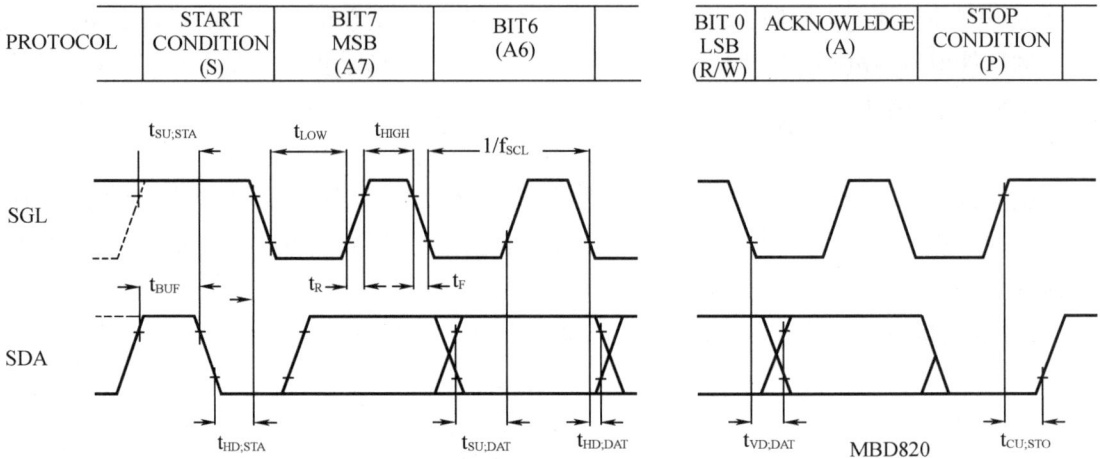

图 11.8　I^2C 总线时间限制图

SYMBOL	PARAMETER	MIN.	TYP.	MAX.	UNIT
I^2C – bus timing (see Fig. 20 ; note 1)					
F_{SCL}	SCL clock frequency	—	—	100	kHz
t_{SP}	tolerable spike width on bus	—	—	100	ns
t_{BUS}	bus free time	4.7	—	—µs	
$t_{SU;STA}$	START condition set-up time	4.7	—		µs
$t_{HD;STA}$	START condition hold time	4.0	—	—µs	
t_{LOW}	SCL LOW time	4.7	—		µs
t_{HIGH}	SCL HIGH time	4.0	—	—µs	
t_R	SCL and SDA fall time	—	—1.0	µs	
t_F	SCL and SDA fall time	—	—0.3	µs	
$t_{SU;DAT}$	data set-up time	250	—	—ns	
$t_{HD;DAT}$	data hold time	0	—	—	ns
$t_{VD;DAT}$	SCL LOW-to-data out valid	—	—3.4	µs	
$t_{SU;STO}$	STOP condition set-up time	4.0	—	—µs	

图 11.9　具体时间分布图

　　数据传输:I^2C 通信是高位在前,低位在后。I^2C 不像 UART 有固定波特率,但是有时序要求:当 SCL 在低电平的时候,SDA 允许变化,也就是说,发送方必须先保持 SCL 是低电平,才可以改变数据线 SDA,输出要发送的当前数据的一位;而当 SCL 在高电平的时候,SDA 绝对不可以变化,因为这个时候,接收方要来读取当前 SDA 的电平信号是 0 还是 1,因此要保证 SDA 的稳定,如图 11.7 中的每一位数据的变化,都是在 SCL 的低电平位置。8 位数据位后边跟着的是一位应答位。

　　数据传输又分为两种:主机向从机写数据和主机向从机读取数据,再次强调下一般来说单片机为主机,从机为 24C02、PCF8591 等具备 I^2C 协议的专用芯片。

（1）当读数据的时候，从设备每发送完 8 个数据位，如果主机继续读下一个字节，主机应该回答"ACK"以提示从机准备下一个数据，如果主机不希望读取更多字节，主机应该回答"NACK"以提示从机设备准备接收 Stop 信号。

（2）当写数据的时候，主机每发送完 8 个数据位，从机设备如果还要一个字节应该回答"ACK"，从机设备如果不接受更多的字节应该回答"NACK"，主机当收到"NACK"或者一定时间之后没收到任何数据将视为超时，此时主机放弃数据传送，发送"Stop"。

（3）无论是读数据还是写数据，都是主机动作！

根据读操作特点编写以下程序，I2CReadACKORNOT 函数中的参数为 1 表示继续读下一字节，根据函数可知此时回答的是"ACK"；反之，为非 1 时，主机回应了"NACK"。不同于 UART 协议，I^2C 传输数据从高位开始，程序中巧妙地设置了 BitCnt 的值为 0x80，对应的二进制为 0b1000 0000，如果此时从机传给主机的值为 0，那么"dat & = ~BitCnt"后，dat 的最高位为 0，如果从机传给主机的值为 1，那么"dat | = BitCnt t"后，dat 的最高位为 1。一次循环后 BitCnt > > =1，此时 BitCnt 的值为 0x40，对应的二进制为 0b0100 0000。通过此方式，依次读取出从机传给主机的数据，最后函数返回 dat 值！

```c
unsigned char I2CReadACKORNOT(bit cnt)
{
    unsigned char BitCnt;
    unsigned char dat;
    I2C_SDA = 1;   //首先确保主机释放 SDA
    for (BitCnt =0x80; BitCnt! =0; BitCnt > > =1) //从高位到低位依次进行
    {
        Delay();
        I2C_SCL = 1;        //拉高 SCL
        if(I2C_SDA = = 0)   //读取 SDA 的值
            dat & = ~BitCnt; //为 0 时,dat 中对应位清零
        else
            dat |= BitCnt;   //为 1 时,dat 中对应位置 1
        Delay();
        I2C_SCL = 0;         //再拉低 SCL,以使从机发送出下一位
    }
    if(cnt)
        I2C_SDA = 0;    //8 位数据发送完后,拉低 SDA,发送应答信号
    else
        I2C_SDA = 1;
    Delay();
    I2C_SCL = 1;   //拉高 SCL
    Delay();
    I2C_SCL = 0;    //再拉低 SCL 完成应答位,并保持住总线
    return dat;
}
```

对于写操作类似,不在此重复叙述。

停止信号:I2C 通信停止信号的定义是 SCL 为高电平期间,SDA 由低电平向高电平变化产生一个上升沿,表示结束信号,如图 11.7 中的 Stop 部分所示,相应的代码如下所示:

```
void I2CStop()
{
    I2C_SCL = 0;  //首先确保 SDA、SCL 都是低电平
    I2C_SDA = 0;
    Delay();
    I2C_SCL = 1;  //先拉高 SCL
    Delay();
    I2C_SDA = 1;  //再拉高 SDA
    Delay();
}
```

【应用演练】

11.2 A/D 和 D/A 转换应用实例分析

采集数值在 LCD1602 显示

/ *

在 LCD1602 液晶上分别显示 AIN0、AIN1、AIN3 测得的值,该值都被转化成在 0 ~ 5 的值,AIN0 为光敏电阻,AIN1 热敏电阻,AIN3 表示 0 ~ 5 V 可调电压接入电路,转动电位器,会发现 AIN3 的值发生变化。

    * /
/ *

由于篇幅限制 LCD1602 程序不再列出,可在本书第 7 章中查看

    * /
/ *

Main. c 函数
引脚连接:SCL - - - - - - > P3^7
SDA - - - - - - > P3^6

    * /

```
#include < reg52.h >
bit flags = 1;
unsigned char GetValue(unsigned char chn);
void NumToString(unsigned char * str, unsigned char val);
extern void I2CStart();
```

```c
extern void I2CStop();
unsigned char I2CReadACKORNOT(bit cnt);
extern bit I2CWrite(unsigned char dat);
extern void InitLcd1602();
extern void LcdShowStr(unsigned char x, unsigned char y, unsigned char * str);
void main()
{
    unsigned char val;
    unsigned char str[10];
    EA = 1;//开总中断
    TMOD &= 0xF0;//清零 T0 的控制位
    TMOD |= 0x01;//配置 T0 为模式 1
    TH0 = (65536 - 9216)/256;//加载 T0 重载值,定时 10ms
    TL0 = (65536 - 9216)% 256;
    ET0 = 1;//使能 T0 中断
    TR0 = 1;//启动 T0
    InitLcd1602();//初始化液晶
    LcdShowStr(0, 0,"AN0:  AN1:  AN3:");//显示通道指示
    while (1)
    {
        if (flags)
        {
            flags = 0;//显示通道 0 的电压
            val = GetValue(0);//获取 ADC 通道 0 的转换值
            NumToString(str, val);//转为字符串格式的电压值
            LcdShowStr(0, 1, str);//显示到液晶上
                            //显示通道 1 的电压
            val = GetValue(1);
            NumToString(str, val);
            LcdShowStr(6, 1, str);//显示通道 3 的电压
            val = GetValue(3);
            NumToString(str, val);
            LcdShowStr(12, 1, str);
        }
    }
}
unsigned char GetValue(unsigned char chn)
{
    unsigned char val;
    I2CStart();
    if(I2CWrite(0x48 < <1))
```

```
        {
            I2CStop();
            return 0;
        }
        I2CWrite(0x40 | chn);
        I2CStart();
        I2CWrite(0x48 < <1 | 0x01);
        I2CReadACKORNOT(1);
        val = I2CReadACKORNOT(0);
        I2CStop();
        return val;
}
void  NumToString(unsigned char * str, unsigned char val)
{
        val = (val * 50)/255;
        str[0] = (val/10) + '0';
        str[1] = '.';
        str[2] = (val% 10) + '0';
        str[3] = '\0';

}
/* T0 中断服务函数 */
void InterruptTimer0() interrupt 1
{
        static unsigned char tm100ms = 0;
        TH0 = (65536 - 9216)/256;//加载 T0 重载值
        TL0 = (65536 - 9216)% 256;
        tm100ms + +;
        if (tm100ms > = 10)//定时 100ms
        {
            tm100ms = 0;
            flags = 1;
        }
}
/* * * * * * * * * * * * * * * * * * * * * * * * * * * * * * * * *
I²C 函数
* * * * * * * * * * * * * * * * * * * * * * * * * * * * * * * * * * */
#include < reg52 .h >
#include < intrins.h >
#define Delay(){_nop_();_nop_();_nop_();_nop_();_nop_();}
sbit I2C_SCL = P3 7;
```

```
sbit I2C_SDA = P3^6;
/*起始信号*/
void I2CStart()
{
    I2C_SDA = 1;
    I2C_SCL = 1;
    Delay();
    I2C_SDA = 0;
    Delay();
    I2C_SCL = 0;
}
/*停止信号*/
void I2CStop()
{
    I2C_SCL = 0;//首先确保 SDA、SCL 都是低电平
    I2C_SDA = 0;
    Delay();
    I2C_SCL = 1;//先拉高 SCL
    Delay();
    I2C_SDA = 1;//再拉高 SDA
    Delay();
}
/* I2C 总线写操作,dat-待写入字节,返回值-从机应答位的值*/
bit I2CWrite(unsigned char dat)
{
    bit ack;//用于暂存应答位的值
    unsigned char BitCnt;//用于探测字节内某一位值的掩码变量
    for (BitCnt=0x80; BitCnt!=0; BitCnt>>=1)//从高位到低位依次进行
    {
        if ((BitCnt&dat)==0)//该位的值输出到 SDA 上
            I2C_SDA = 0;
        else
            I2C_SDA = 1;
        Delay();
        I2C_SCL = 1;//拉高 SCL
        Delay();
        I2C_SCL = 0;//再拉低 SCL,完成一个位周期
    }
    I2C_SDA = 1;//8 位数据发送完后,主机释放 SDA,以检测从机应答
    Delay();
    I2C_SCL = 1;//拉高 SCL
```

```
    ack = I2C_SDA;//读取此时的 SDA 值,即为从机的应答值
    Delay();
    I2C_SCL = 0;//再拉低 SCL 完成应答位,并保持住总线
    return (ack);
}
/* I2C 总线读操作,并发送应答信号或者非应答信号,如果 cnt 为 1 则发送应答信号,
如果 cnt 为非 1 的值则发送非应答信号,返回值 - 读到的字节 */
unsigned char I2CReadACKORNOT(bit cnt)
{
    unsigned char BitCnt;
    unsigned char dat;
    I2C_SDA = 1;//首先确保主机释放 SDA
    for (BitCnt =0x80; BitCnt! =0; BitCnt > > =1)//从高位到低位依次进行
    {
        Delay();
        I2C_SCL = 1;//拉高 SCL
        if(I2C_SDA = = 0)//读取 SDA 的值
            dat & = ~BitCnt;//为 0 时,dat 中对应位清零
        else
            dat |= BitCnt;//为 1 时,dat 中对应位置 1
        Delay();
        I2C_SCL = 0;//再拉低 SCL,以使从机发送出下一位
    }
    if(cnt)
        I2C_SDA = 0;//8 位数据发送完后,拉低 SDA,发送应答信号
    else
        I2C_SDA = 1;
    Delay();
    I2C_SCL = 1;//拉高 SCL
    Delay();
    I2C_SCL = 0;//再拉低 SCL 完成应答位,并保持住总线
    return dat;
}

/* * * * * * * * * * * * * * * * * * * * * * * * * * * * * * * *
 * * * * * * * * * * * * * * * * * * * * * * * * * * * * * * * */
```

【能力拓展】

11.3 思考与练习题

A/D 转换在实际应用中比较常见，I^2C 也是常用的通讯方式，要认真掌握。

1. 简述 A/D 转换应用的场合。

2. 通过 PCF8591 模块控制 LED 亮灭。

3. 将数值显示在 4 位数码管上。

【趣味小贴士】

计算机、数字通信等数字系统是处理数字信号的电路系统。在实际应用中，很多都是连续变化的模拟量，因此，需要一种接口电路，可以将模拟信号转换为数字信号。在这种背景下 A/D 转换器应运而生。1970 年代初，由于当时的 MOS 工艺的精度还不够高，模拟部分一般采用双极工艺，数字部分则采用 MOS 工艺，而且模拟部分和数字部分还不能做在同一个芯片上。因此 A/D 转换器只能采用多芯片方式实现，成本很高。1975 年，一个采用 NMOS 工艺的 10 位逐次逼近型 A/D 转换器成为最早出现的单片 A/D 转换器。

第12章 单片机和上位机通信

到目前为止我们学习了一系列的单片机相关模块和指令的操作,最终单片机要应用到实际产品中,对于大家而言最简单的是希望能够进行界面操作,清晰直白,这时候需要一个操作界面,VB 在单片机开发中作为常用的上位机比较成熟,在本章中详细为大家介绍,希望起到抛砖引玉的作用⋯⋯

【教学导航】

教	知识重点	1. VB 软件安装; 2. VB 工程搭建和界面操作; 3. 串口通信配置
	知识难点	1. 单片机平台搭建; 2. 上位机平台搭建
	推荐教学方法	引入工程项目,在实际工程应用中,上位机配合单片机使用,让学生列举上位机的优势及作用;让学生徒手绘制理想的控制界面及应有的功能,告知学生 VB 功能模块
	思政教学	通过界面探索实现简单功能
	建议学时	4~5 课时
学	推荐学习方法	课前查阅相关资料,了解 VB 和单片机通信方式。了解 VB 界面操作方式,类比其他上位机,比较与 VB 的优势和缺点;动手搭建最简单界面与单片机进行通信
	需掌握理论知识	1. 单片机点亮 LED 程序; 2. 串口通信知识
	需掌握基本技能	1. 编写 VB 上位机; 2. 串口程序编写
	技能目标	通过 VB 上位机控制单片机上的 LED

【基础知识】

12.1 相关知识点

12.1.1 实验目标

通过上位机操作实现控制下位机的目的,同时在上位机显示下位机实时状态。

12.1.2 上位机概述

上位机是一台可以发出特定指令的计算机,例如我们常见的电脑,可以显示需要监测的各类信息,如温湿度、距离、图像等。上位机通过操作预先设定好的命令传递给下位机,下位机解析命令后控制其他硬件,如数码管、DS18B20 等,或者下位机通过传感器采集信息,将数据显示到上位机便于查看。

上位机编程软件多种多样,常用的有 VB、C#、labview 等,本项目采用 VB6.0,以点亮 LED 灯实例展示上位机和下位机的通信过程。

【应用演练】

12.2 上位机应用实例分析

12.2.1 VB 软件安装

根据配套资料提供的 VB6.0 软件,找到"SETUP. EXE",如图 12.1 所示,进入安装界面。

READMEDT.HTM	1998/7/25 9:35	Chrome HTML D...	6 KB
READMERP.HTM	1998/7/25 9:34	Chrome HTML D...	55 KB
READMESS.HTM	1998/6/25 21:44	Chrome HTML D...	29 KB
READMEVB.HTM	1998/8/4 9:28	Chrome HTML D...	168 KB
SETUP.EXE	1998/7/7 9:53	应用程序	529 KB
SETUP.INI	1998/4/24 19:57	配置设置	1 KB
SETUP.TDF	2019/4/14 19:45	TDF 文件	1 KB
SETUPWIZ.INI	1998/6/30 15:46	配置设置	2 KB
SMSINST.EXE	1998/5/18 19:13	应用程序	48 KB
VB98ECD1.INF	1998/8/4 1:12	安装信息	0 KB
VB98ENT.MIF	1998/5/31 16:11	MIF 文件	1 KB

图 12.1 VB 安装界面(一)

安装到如图 12.2 所示时,在 ID 号中输入序列号"111 – 11111111",出现如图 12.3 显示界面时,选择"安装 Visual Basic 6.0 中文企业版"。

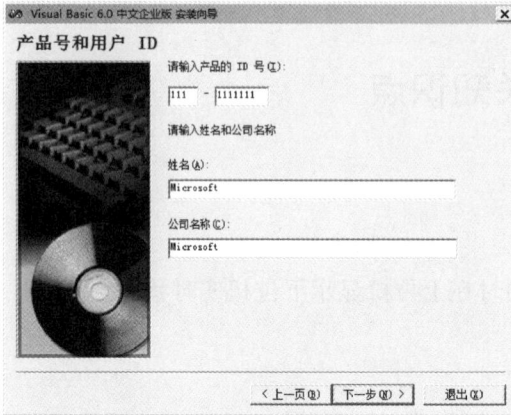

图 12.2　VB 安装界面(二)

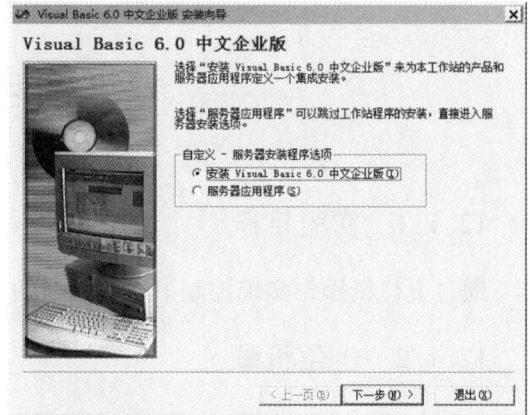

图 12.3　VB 安装界面(三)

安装到如图 12.4 时,点击箭头所指按键,进入"典型安装"模式。安装完成后出现如图 12.5 所示界面,重启 Windows,完成安装。

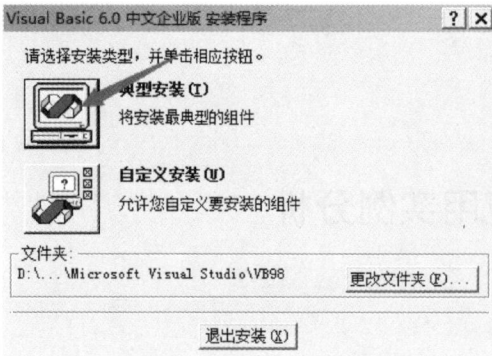

图 12.4　VB 安装界面(四)

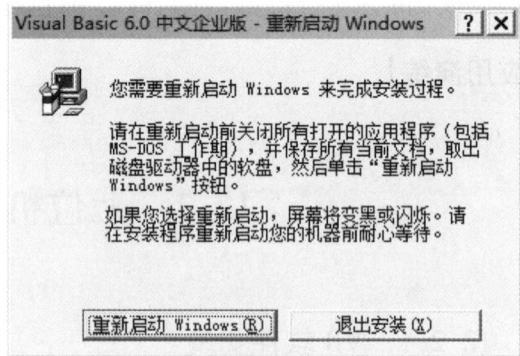

图 12.5　VB 安装界面(五)

重启电脑后,在"开始"找到如图 12.6 框所示,右键,"发送到"→"桌面快捷方式",在桌面上出现如图 12.7 快捷键,安装完成。

图 12.6　VB 安装界面(六)

图 12.7　VB 安装界面(七)

12.2.2 VB 上位机界面设计

双击图 12.7 界面,出现如图 12.8 所示界面,选择"标准 EXE",点击"打开"出现如图 12.9 界面。

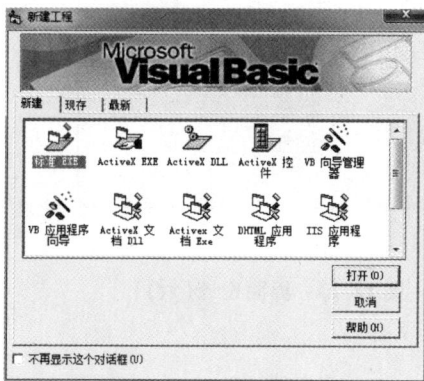

图 12.8 界面设计(一)

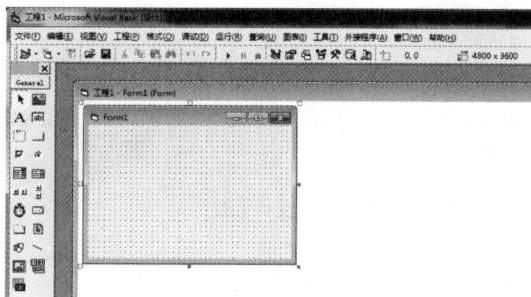

图 12.9 界面设计(二)

如图 12.10 所示,在左侧工具栏中选择箭头所指工具,然后在"Form1"界面中拖出如图 12.11 界面框,在右侧对话框中将"Frame1"修改为"串口控制",如图 12.12 所示,修改后如图 12.13 所示。

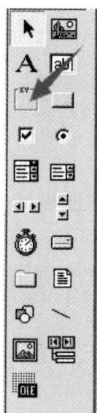

图 12.10 界面设计(三)

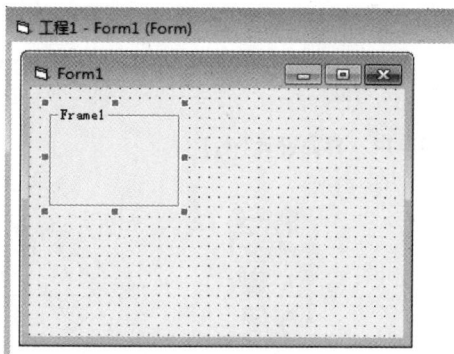

图 12.11 界面设计(四)

如图 12.14 所示,点击左侧工具栏箭头所指工具箱"ComboBox",在图 12.15 拖曳出下拉选择框,用于选择上位机与下位机通信的串口号。

在左侧工具栏选择箭头所指工具"shape",如图 12.16 所示,在界面中拖曳出如图12.17 所示矩形,在右侧工具箱修改参数,如图 12.18 所示,在"BackStyle"中修改为"1 – Opaque",在"Shape"中修改为"3 – Circle",修改完成后如图 12.19 所示,矩形框变成实心圆,用于状态指示。

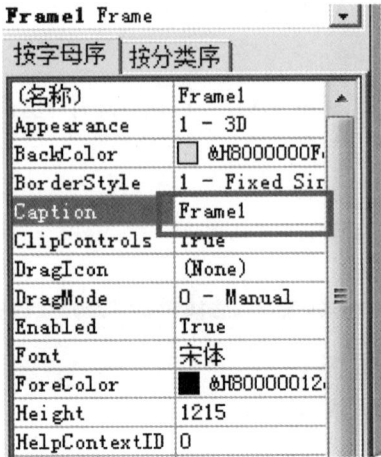

图 12.12　界面设计(五)

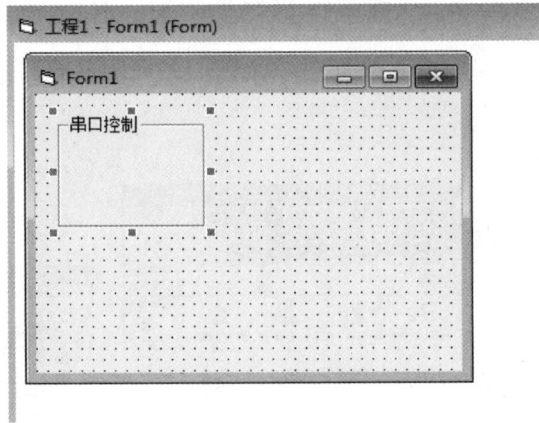

图 12.13　界面设计(六)

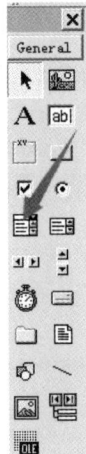

图 12.14　界面设计(七)

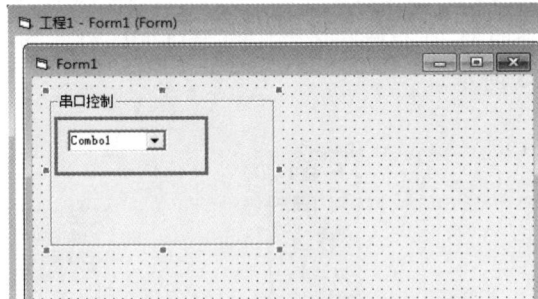

图 12.15　界面设计(八)

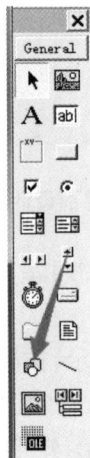

图 12.16　界面设计(九)

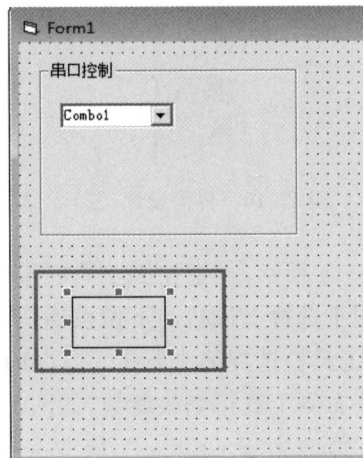

图 12.17　界面设计(十)

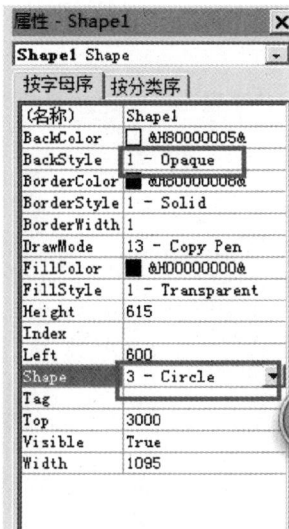

图 12.18　界面设计(十一)

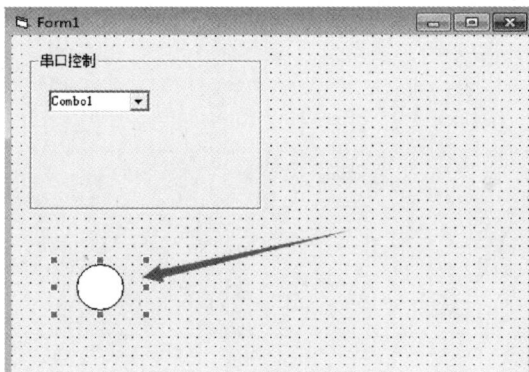

图 12.19　界面设计(十二)

用同样方式布局如图 12.20 所示,再在左侧工具箱点击箭头"按钮",在界面拖曳出如图 12.21 所示按键,在图 12.22 可以看到按键名称为"Command1",在右侧工具箱中修改"Caption"的值为"打开",如图 12.23 所示,记住该按钮的名称为"Command1",其他器件的名字都可以通过此类方式查看。

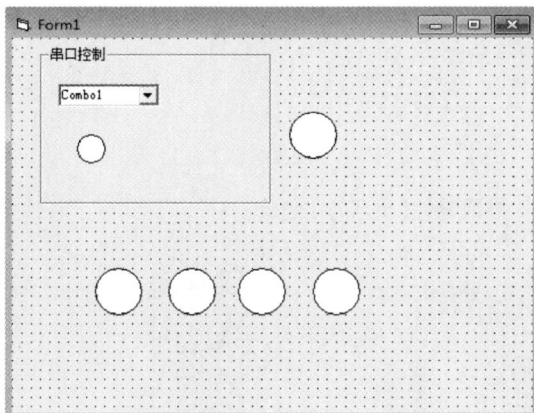

图 12.20　界面设计(十四)

图 12.21　界面设计(十五)

界面最终完成如图 12.24 所示。

12.2.3　VB 上位机程序编写

在编写程序前,选择工具栏中的"工程",在下拉菜单中选择"部件",在"Microsoft Comm Control 6.0"前打钩,如图 12.25 所示。完成后左侧工具栏出现如图 12.26 所示图标。点击该图标,在界面中拖曳出如图 12.27 标志,该功能用于上位机与下位机通信,在上位机运行过程中该标志不会显示。

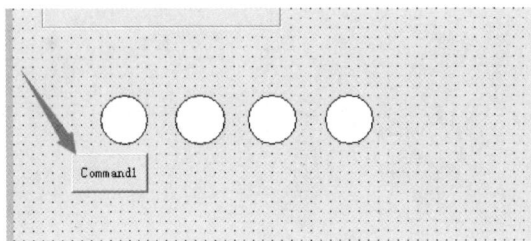

图 12.22　界面设计(十六)

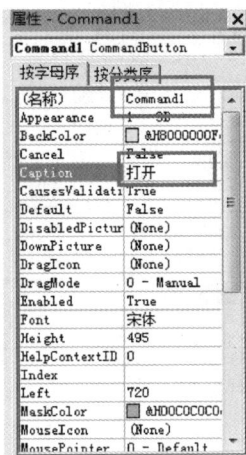

图 12.23　界面设计(十七)

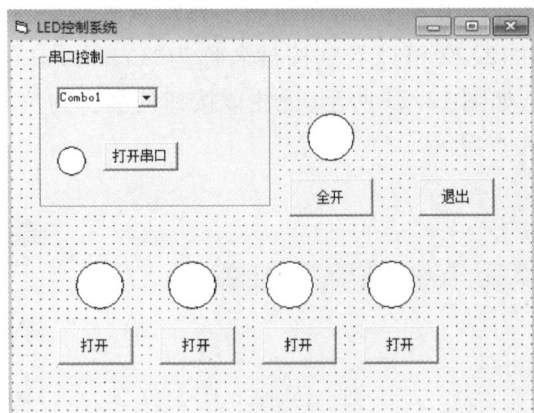

图 12.24　界面设计(十八)

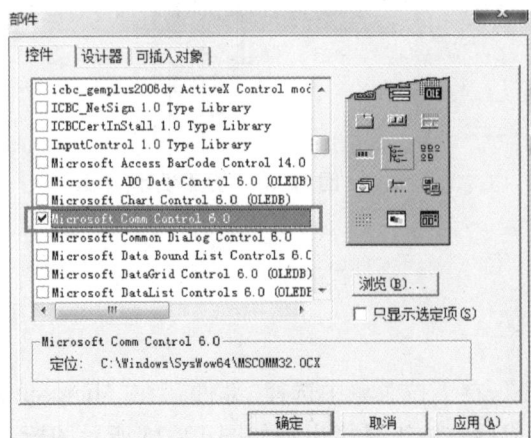

图 12.25　界面设计(十九)

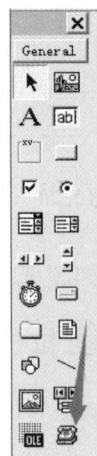

图 12.26　界面设计(二十)

在任意空白处双击进入编程界面,如图 12.28 所示,进入如图 12.29 所示界面。由于是在任意界面处进入程序,该程序用于初始化,编写如图 12.30 程序。由于篇幅限制不多讲解 VB 语法,可以关注后续课程。

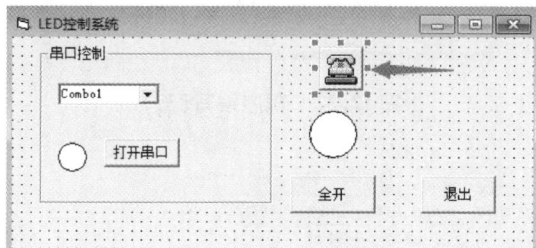

图 12.27　界面设计(二十一)

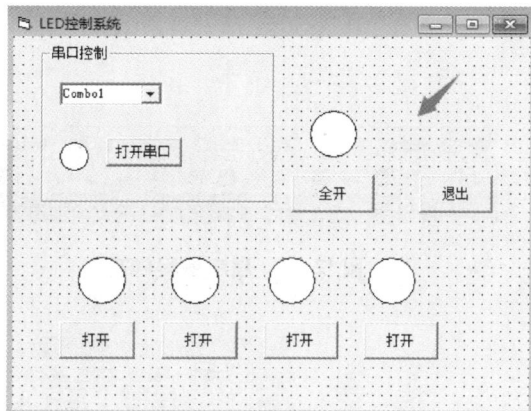

图 12.28　程序编写(一)

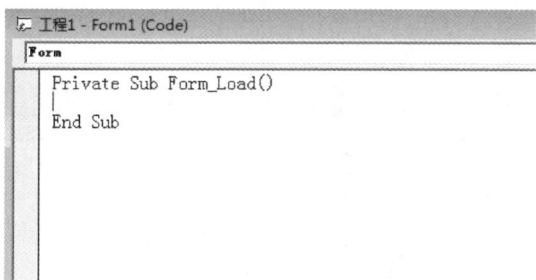

图 12.29　程序编写(二)

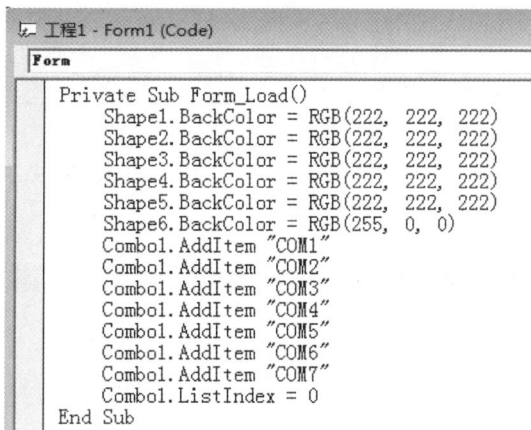

图 12.30　程序编写(三)

点击在图 12.31 工具栏中的三角形按钮,程序进入运行状态,如图 12.32 所示。退出运行,按图 12.33 操作。

由于在程序编写中用到变量,如图 12.34 所示,点击倒三角,选择"通用",编写"Dim buff(0) As Byte",即定义全局变量 buff,大小为一个字节。

双击图 12.35 所示按键,进入如图 12.36 编程状态,编写图 12.36 程序。程序大意为:如果按键显示"打开",按一下按键后会发送十六进制的 1,此时对应的 shape 会显示绿色,按键的标签显示为"关闭";如果按键显示"关闭",按一下按键后会发送十六进制的 2,此时对应的 shape 会显示灰色,按键的标签为"打开"。同理,剩下同行的三个按钮只需修改相应的按键标签号和对应指示灯的标号,同时修改发送的指令即可。以第二个 LED 为例,修改框中对应数值即可。

图 12.31　程序编写(四)

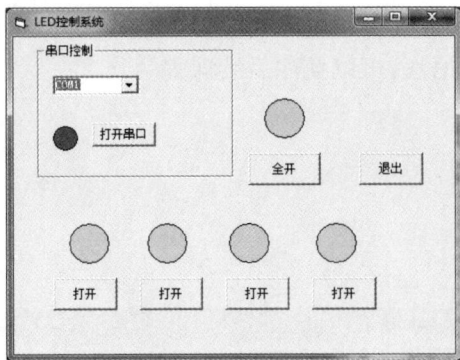

图 12.32　程序编写(五)

图 12.33　程序编写(六)

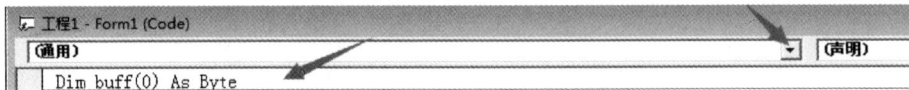

图 12.34　程序编写(七)

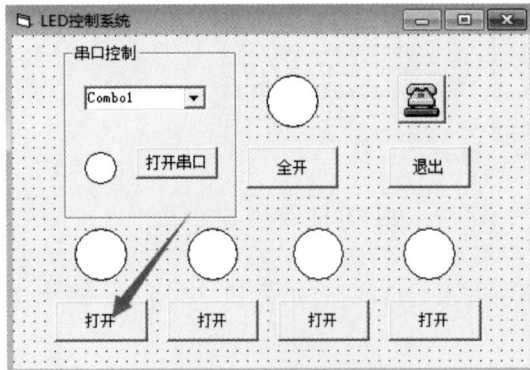

图 12.35　程序编写(八)

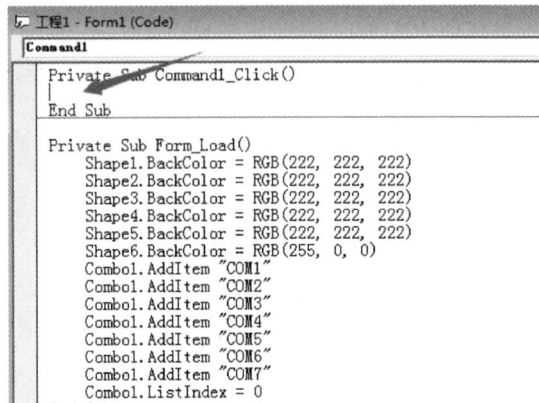

图 12.36　程序编写(九)

```
工程1 - Form1 (Code)
Command1
    Private Sub Command1_Click()
    If Command1.Caption = "打开" Then
        buff(0) = &H1
        If (MSComm1.PortOpen = True) = True Then
        MSComm1.Output = buff
        Shape1.BackColor = RGB(0, 255, 0)
        Command1.Caption = "关闭"
        End If
    Else
        buff(0) = &H2
        If (MSComm1.PortOpen = True) = True Then
        MSComm1.Output = buff
        Shape1.BackColor = RGB(222, 222, 222)
        Command1.Caption = "打开"
        End If
    End If
    End Sub
```

图 12.37 程序编写(十)

```
Private Sub Command2_Click()
If Command2.Caption = "打开" Then
    buff(0) = &H3
    If (MSComm1.PortOpen = True) = True Then
    MSComm1.Output = buff
    Shape2.BackColor = RGB(0, 255, 0)
    Command2.Caption = "关闭"
    End If
Else
    buff(0) = &H4
    If (MSComm1.PortOpen = True) = True Then
    MSComm1.Output = buff
    Shape2.BackColor = RGB(222, 222, 222)
    Command2.Caption = "打开"
    End If
End If
End Sub
```

图 12.38 程序编写(十一)

点击"全开"按键,如图 12.39 所示,编写如图 12.40 程序。

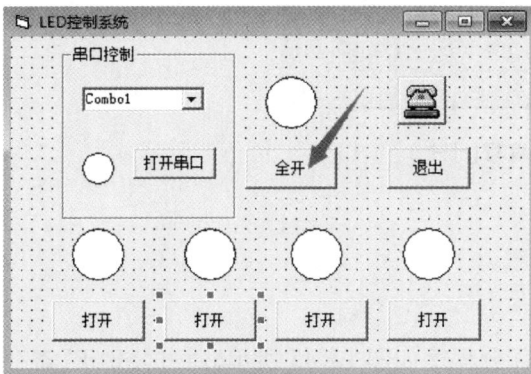

图 12.39 程序编写(十二)

```
工程1 - Form1 (Code)
Command6
    Private Sub Command6_Click()
    If Command6.Caption = "全开" Then
        buff(0) = &HA
        If (MSComm1.PortOpen = True) = True Then
        MSComm1.Output = buff
        Shape5.BackColor = RGB(0, 255, 0)
        Command6.Caption = "全关"
        End If
    Else
        buff(0) = &H9
        If (MSComm1.PortOpen = True) = True Then
        MSComm1.Output = buff
        Shape5.BackColor = RGB(222, 222, 222)
        Command6.Caption = "全开"
        End If
    End If
    End Sub
```

图 12.40 程序编写(十三)

点击"打开串口"按键,如图 12.41 所示,编写如图 12.42 程序。

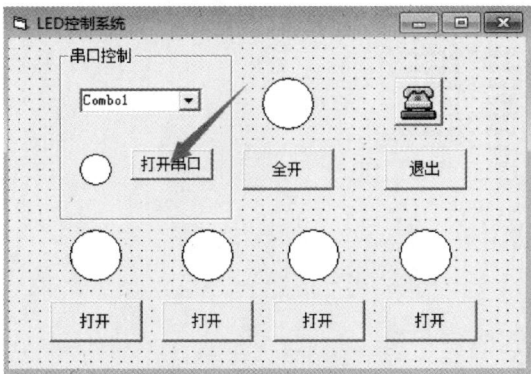

图 12.41 程序编写(十四)

```
工程1 - Form1 (Code)
Command5
    Private Sub Command5_Click()
    If Command5.Caption = "打开串口" Then
        Command5.Caption = "关闭串口"
        Shape6.BackColor = RGB(0, 255, 0)
        MSComm1.CommPort = Combo1.ListIndex + 1
        MSComm1.PortOpen = True
    Else
        Command5.Caption = "打开串口"
        Shape6.BackColor = RGB(255, 0, 0)
        MSComm1.PortOpen = False
    End If
    End Sub
```

图 12.42 程序编写(十五)

点击"退出"按键,编写如图 12.43 程序。

```
Private Sub Command7_Click()
    Unload Me
End Sub
```

图 12.43   程序编写（十六）

微调整个布局，最终如图 12.44 所示。

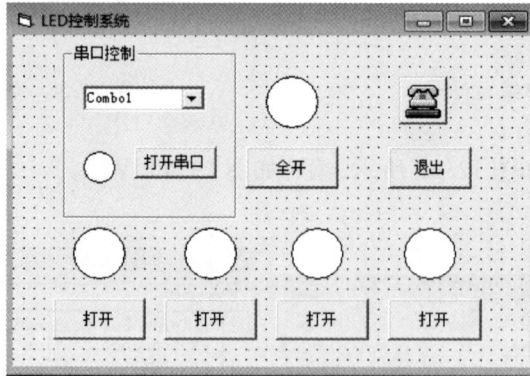

图 12.44   程序编写（十七）

完成后将工程保存到指定的文件夹。

12.2.4   单片机程序编写

单片机程序较为简单，具体参照配套程序，部分程序如图 12.45 所示，通过"SBUF"寄存器接收参数，收到"0x01"，Led1 灯点亮，收到"0x02"，Led1 灯熄灭。

```c
void InterTime4() interrupt 4
{
    unsigned char temp;
    if(RI==1)
    {
        RI=0;
        temp = SBUF;
        switch(temp)
        {
            case 0x07:    led1 = 0;break;
            case 0x08:    led1 = 1;break;
            case 0x05:    led2 = 0;break;
            case 0x06:    led2 = 1;break;
            case 0x03:    led3 = 0;break;
            case 0x04:    led3 = 1;break;
            case 0x01:    led4 = 0;break;
            case 0x02:    led4 = 1;break;
            case 0x09:
            {
                led1 = 1;
                led2 = 1;
                led3 = 1;
                led4 = 1;
                break;
            }
            case 0x0A:
            {
                led1 = 0;
                led2 = 0;
                led3 = 0;
                led4 = 0;
                break;
            }
        }
    }
}
```

图 12.45   程序编写（十八）

12.2.5　上位机与单片机调试

将单片机程序烧录到单片机,关闭烧录软件,防止上位机和烧录软件同占一个串口。打开 VB 上位机软件,选择相应的串口号,点击"打开串口",再点击第一个 LED 和第三个 LED 按钮,如图 12.46 所示,在单片机中出现如图 12.47 实验现象,实验成功。

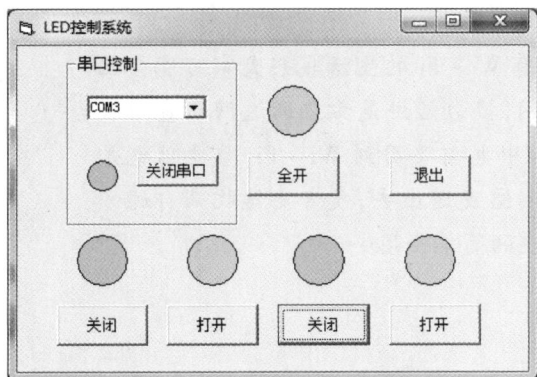

图 12.46　程序编写(十九)

图 12.47　程序编写(二十)

【能力拓展】

12.3　思考与练习题

通过以上简单实例,将单片机与上位机结合起来,读者可以深入研究 VB,将更多信息显示在上位机界面上,动手完成下面实验。

1. 将单片机中数码管数据显示在 VB 界面。

2. 查阅资料,对比 C#和 VB 的区别和联系。

【趣味小贴士】

1991 年,微软公司推出了 Visual Basic 1.0 版,在当时引起了很大的轰动,最初的设计者是阿兰·库珀(Alan Cooper)。许多专家把 VB 的出现当作是软件开发史上的一个具有划时代意义的事件。虽然当时功能不是特别多,但是微软也不失时机地在四年内接连推出 VB2.0、VB3.0、UB4.0 三个版本,而且从 VB3.0 开始微软将 ACCESS 的数据库驱动集成到了 VB 中,这使得 VB 的数据库编程能力大大提高。从 VB4.0 开始,VB 也引入了面向对象的程序设计思想,也有了"控件"的概念,使得大量已经编好的 VB 程序可以被我们直接拿来使用,目前 VB6.0 使用得比较多。

第 13 章　Wi‐Fi 模块 AT 指令控制

　　Wi‐Fi 在我们生活中无处不在，没有 Wi‐Fi 的生活我想大家可能会比较难过。我们使用 Wi‐Fi 的目的是上网，换句话讲是希望通过网络查看服务器里的资料。在我们学习单片机过程中也需要用到 Wi‐Fi，重要性也是不言而喻，单片机采集的数据需要通过网络发送出去，或者要接收来自远方的数据。在本章中首先介绍 Wi‐Fi 模块的简单使用……

【教学导航】

教	知识重点	1. ESP8266 模块的应用； 2. 引脚功能的认识； 3. USB‐TTL 的使用
	知识难点	1. ESP8266 01s 和 USB‐TTL 的连接； 2. AT 指令控制 Wi‐Fi 模块
	推荐教学方法	引入我们常用的 Wi‐Fi，分析 ESP8266 各类型号的模块；介绍 USB‐TTL，在了解 Wi‐Fi 模块的基础上与之进行引脚连接从而烧录固件；使用 AT 指令控制 Wi‐Fi 模块
	思政教学	积极探索的工匠精神
	建议学时	4～5 课时
学	推荐学习方法	课前查阅 Wi‐Fi 相关资料，简单了解 51 单片机中常用的 Wi‐Fi 模块；会进行烧录固件的操作；掌握 AT 相关控制语句
	需掌握理论知识	1. Wi‐Fi 模块的基本概念； 2. AT 指令的基本语法
	需掌握基本技能	1. Wi‐Fi 和 USB‐TTL 引脚的连接； 2. AT 指令控制 Wi‐Fi 模块
	技能目标	会烧录固件和使用 AT 基本指令

【基础知识】

13.1　相关知识点

13.1.1　ESP8266 简介

ESP8266 是一款超低功耗的 UART Wi – Fi 透传模块,在较小尺寸封装中集成了业界领先的 Tensilica L106 超低功耗 32 位微型 MCU,主频支持 80 MHz 和 160 MHz,同时也集成了 Wi – Fi MAC/ B/RF/PA/LNA,众多特性使得该模块在业内极富竞争力,常用于移动设备和物联网应用设计。ESP8266 种类繁多,本书中使用 ESP8266 01s 型号,实物如图 13.1 所示,对应的引脚图如图 13.2 所示。

图 13.1　ESP8266 01s 实物

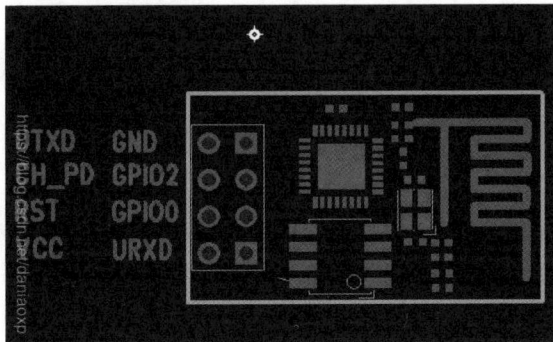

图 13.2　ESP8266 01s 引脚图

13.1.2　工作模式

ESP8266 01s 模块(以下简称 Wi – Fi 模块)本身可以当作单片机单独使用,在本项目中使用 AT 指令控制 Wi – Fi 模块,在具体操作前先了解 Wi – Fi 模块的三种工作模式。

Station 模式(简称 STA 模式):相当于终端,连接其他路由器,其本身不能被其他的设备连接。例如不带无线热点的台式电脑,只能通过路由器连接互联网或者其他设备。此时的台式电脑就是 STA 模式。

Access Point 模式(简称 AP 模式):相当于路由器,提供无线接入服务,允许其他无线设备接入,模块本身就不能连接其他的路由器。

STA + AP 模式:顾名思义,该模式是 STA 模式和 AP 模式的结合。

在大多数资料中提到过这 3 种模式,其实 Wi – Fi 模块还可当作客户端和服务端使用,只是在大多数情况下默认当作客户端使用。在接下来的实验中,我们尝试当作服务端使用。根据 Wi – Fi 模块传输数据的模式可分为透传和非透传模式。透传:可以连续发送数据。非透传:每次发送数据前要发送相关 AT 指令。两者区别:(1)透传只能在单链模式下开启;(2)当模块为服务端时,又因为必须开启多链模式。这两个特性非常重要,透传模式使用得比较多,因此在配置 Wi – Fi 模块时一定是开启单链模式。不过在下面的实验中,我们把 Wi – Fi 模块当作了服务端,因此开启的是多链模式。这两点在以后的应用中要注意区分。

综上所述,如果进行实验验证的话需要进行 $3 \times 2 \times 2 = 12$ 次实验,但是在大多是情况下,把 Wi – Fi 模块在 STA 模式下当作客户端实现透传功能。

13.1.3　硬件搭建

在进行实验前,首先进行硬件平台的搭建。在此过程中需要用到 USB – TTL,如图 13.3 所示。

图 13.3　USB – TTL 实物图

从图 13.2 中看到,Wi – Fi 模块共引出 8 个引脚,使用 USB – TTL 与其连接过程中需用到 5 个引脚,如表 13.1 所示。

表 13.1　Wi – Fi 模块和 USB – TTL 连接图

USB – TTL	ESP8266
3.3 V	VCC
GND	GND
RX	TX
TX	RX
3.3 V	CH_PD(EN)

这里有一点非常重要,如果 Wi – Fi 模块要烧录固件的话将 GPIO0 引脚接 GND(后面的实验还会提到),调试的时候要断开! 以后的实验中基本以调试为主,因此断开即可。

连接完成后如图 13.4 所示,USB – TTL 再通过 USB 接口连接电脑即可调试 Wi – Fi 模块。

13.1.4　Wi – Fi 模块调试

在 USB – TTL 插入电脑后,在设备管理器看到相应的 CH340 驱动已安装完成,使用的是 COM6 通道,如图 13.5 所示。如果第一次使用 USB – TTL 请安装相应的驱动,COM 通道是根据实际情况确定。准备工作完成后,接下去使用串口调试助手进行调试。

图 13.4 Wi－Fi 模块和 USB－TTL
实物连接图

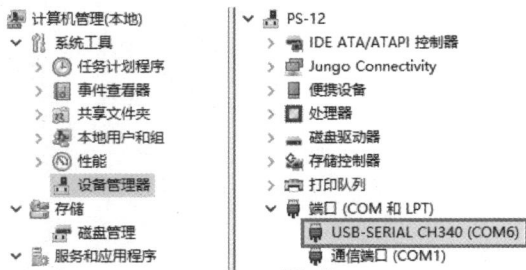

图 13.5 设备管理器界面图

本次实验中使用 XCOM V2.0 串口调试助手,具体设置如图 13.6 所示。在①串口号处设置 COM6,在②串口处波特率选择 115200,数据位选择 8,停止位选择 1。在③串口处选中发送新行(很重要),配置完成后在④串口处输入框输入 AT＋RST,回车,在⑤串口处看到返回 OK。到此为止,Wi－Fi 模块与电脑完成简单的串口通信。

图 13.6 XCOM V2.0 串口调试助手截面图

很多读者在输入指令后,在⑤串口处无任何反应,根据这些情况做些简单说明。

首先排查有没有接错线,注意看清 Wi－Fi 模块的正反面。如果接线正确的话再根据以下原因排查。ESP8266 必须是 3.3 V 供电,因此需要测试 USB－TTL 提供的电源是不是 3.3 V,如果不是 3.3 V,需要用外接电源提供,一旦使用外接电源,需要和 USB－TTL 共地,可以通过面包板把外接电源的地和 USB－TTL 的地连接在一起,具体连接如图 13.7 所示。

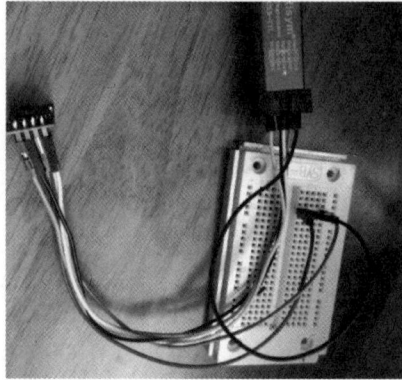

图 13.7　SB – TTL 和 Wi – Fi 模块连接方式

【应用演练】

13.2　Wi – Fi 模块应用实例分析

13.2.1　烧录固件

之前提到过 ESP8266 01s 本身就是一个单片机,之所以能使用 AT 指令是因为本身具有能识别指令的代码,称之为固件。读者可以把 Wi – Fi 模块当作电脑硬件,固件就是操作系统。一般来说,刚拿到手的 Wi – Fi 模块已有烧录好的固件,不过在开发过程中可能需要烧录其他类型的固件,本小节具体操作下。

在烧录固件前首先进行 USB – TTL 和 Wi – Fi 模块连接,并将 Wi – Fi 模块的 GPIO0 引脚接 GND。如果引脚不够的话可以借助面包板,如图 13.7 所示。

固件可以从安信可官网下载,ESP8266 01sFlash 大小为 8Mbit,在后面配置过程中会用到,如表 13.2 所示。

打开官方提供的固件烧录软件,如图 13.8 所示。

在①串口处点击,选择相应的固件,在②串口处写入地址"0x0",在③串口处打钩选中,再按三个红色框④⑤⑥配置。注意,在⑥串口处 flash 处选择"8Mbit"。⑦串口处的串口根据实际情况选择,⑧串口处的波特率指的是固件下载到 Wi – Fi 模块的速度,可以根据电脑实际情况选择,上文也多次提到过波特率,两者不是一回事。配置完成后点击⑨串口处的START,将固件下载到 Wi – Fi 模块。如图 13.9 所示。

表 13.2　安信可 Wi-Fi 模组选型表

型号	封装	尺寸	板层	Flash大	认证资格	温度范围/℃	无线封装	工作电压/V	指示灯	默认波特	总IO	可用IO	IO0	IO2	IO15	IO16	RST	EN	备注
ESP-01	DIP	24.8*14.3	2	8Mbit	—	-20~80	PCB天线	3.0~3.6 建议3.3	TXD0	115200	8	2	—	—	×	×	—	—	建议使用015代替
ESP-015	DIP	24.8*14.3	2	8Mbit	—	-20~80	PCB天线	3.0~3.6 建议3.3	GPIO2	115200	82	上拉	—	×	×	上拉	上拉	—	
ESP-02	SMD	14.7*14.5	2	8Mbit	—	-20~80	IPEX	3.0~3.6 建议3.3	—	115200	8		—	—	×	×	—	上拉	
ESP-03	SMD	17.3*12.1	2	8Mbit	—	-20~80	陶瓷天线	3.0~3.6 建议3.3	—	115200	14	7	—	—	—	×	×	—	
ESP-04	SMD	14.7*12.1	2	8Mbit	—	-20~80	触点	3.0~3.6 建议3.3	—	115200	14	7	—	—	—	×	×	—	
ESP-05	SMD	14.2*14.2	2	8Mbit	—	-20~80	IPEX	3.0~3.6 建议3.3	—	115200	5	0	×	×	×	×	—	×	无法下载程序
ESP-06	SMD	16.2*13.2	2	8Mbit	—	-20~80	触点	3.0~3.6 建议3.3	—	115200	20	9	—	—	—	—	上拉	—	
ESP-07	SMD	21.9*16.2	2	8Mbit	—	-20~80	陶瓷天线 IPEX	3.0~3.6 建议3.3	GPIO2 POWER	115200	16	9	—	—	—	—	—	—	外接IPX天线时需去除内置陶瓷天线的连接

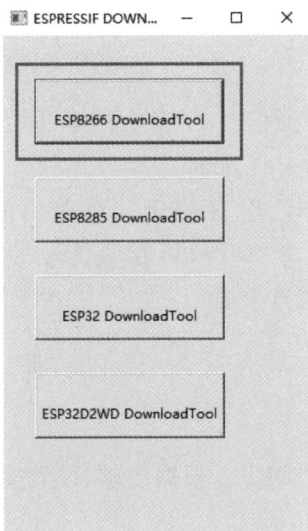

图 13.8　固件库烧录软件

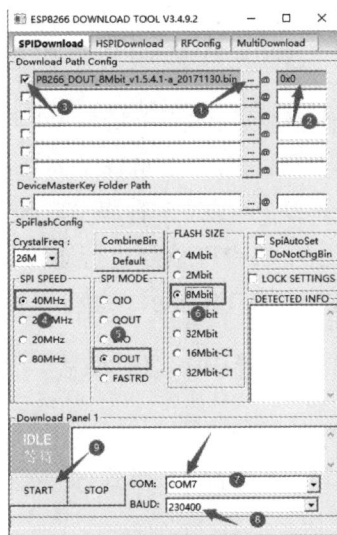

图 13.9　固件烧录的配置过程

下载成功后,需要进行简单测试。首先将拔掉 GPIO0 引脚线!

打开串口助手,配置如图 13.10 所示,拔插下 USB-TTL,发送 AT 指令。最后在黑框处显示"AT OK"说明固件已烧录成功。

最后提醒一下,在烧录固件工程中可能碰到一些问题,比如在笔记本上烧写固件,采用的波特率是"1152000",显示的提示是"下载中",但是进度条半天没有反应,此时可以降低波特率,采用波特率 9600,但是这种问题可能在台式机中不会发生。下载固件完成后调试 Wi-Fi 模块的时候,记得默认波特率是"115200"。

图 13.10　串口助手调试界面

13.2.2　Wi‑Fi 模块与手机通信(AP 模式)

准备工作完成后,实现手机与 Wi‑Fi 模块的简单通信。AT 指令具体可参考官网手册。网址为 https://docs. ai‑thinker. com/esp8266/examples/at_demo。

Wi‑Fi 模块一共有 3 种模式,本实验采用 AP 模式,相当于一个路由器,手机通过 ESP8266 发出的 Wi‑Fi 信号进行连接,发送简单字符串,ESP8266 接收信号,为了能看到实验现象,通过串口在 PC 显示。指令具体的使用参考官方手册。

13.2.3　配置 Wi‑Fi 模式

AT + CWMODE = 2

根据图 13.11 设置 AP 模式,如果设置成功,返回"OK"。根据要求,设置完成后还需重启 Wi‑Fi 模块。

13.2.4　ESP8266 作为路由器设置网络

AT + CWSAP = "ESP8266" ,"123456789" ,4 ,4

该指令共有四个参数如图 13.12 所示,第一个参数,设置网络名,任意取。AP 模式的话相当于路由器,需要提供网络名让其他设备去进行链接。第二个参数,密码设置。第三个参数,通道号,比如设置 4。第四个参数,加密方式,可以选择 4。在手册中也能看到完成配置后还需重启。

4.2.1AT+CWMODE 选择 WIFI 应用模式

AT+CWMODE 选择 WIFI 应用模式	
测试指令 AT+CWMODE=?	响应 +CWMODE:(<mode>取值列表) OK
	参数说明 见设置命令
查询命令 AT+CWMODE?	响应 返回当前模块的模式 +CWMODE:<mode> OK
	参数说明 见设置指令
设置指令 AT+CWMODE=<mode>	响应 OK
	参数说明 <mode>1　Station 模式

乐鑫信息科技
Espressif Systems

❶	2　AP 模式
	3　AP 兼 Station 模式
参考	说明 需重启后生效(AT+RST)　❷

图 13.11　官方参考手册部分截图(一)

4.2.5AT+ CWSAP 设置 AP 模式下的参数

AT+ CWSAP 设置 AP 模式下的参数	
查询命令 AT+ CWSAP?	响应 返回当前 AP 参数 + CWSAP:<ssid>,<pwd>,<chl>,<ecn>
	参数说明 见设置指令
设置指令 AT+ CWSAP= <ssid>,<pwd>,<chl>, <ecn>	响应 OK ERROR
	参数说明 指令只有在 AP 模式开启后有效 <ssid>字符串参数，接入点名称 <pwd>字符串参数，密码最长 64 字节 ASCII <chl>通道号 < ecn >0　OPEN

乐鑫信息科技
Espressif Systems

	2　WPA_PSK
	3　WPA2_PSK
	4　WPA_WPA2_PSK
参考	说明 通道修改后需要+RST 重启模块

图 13.12　官方参考手册部分截图(二)

13.2.5　使能多连接

AT + CIPMUX = 1

由于采用的是 AP 模式,相当于路由器,应该多个设备都可以去链接,所以选择多路连接模式,如图 13.13 所示。

5.2.6AT+ CIPMUX　启动多连接

AT+ CIPMUX　启动多连接	
查询命令 AT+ CIPMUX?	响应 + CIPMUX:\<mode\>
	OK
	参数说明

14/ 16　　　　　　　　　Espressif Systems　　　　　　　　June 16, 2014

乐鑫信息科技
Espressif Systems

	见设置指令
设置指令 AT+ CIPMUX=\<mode\>	响应
	OK 如果已经处于连接状态则,返回 Link is builded
	参数说明 \<mode\>0　单路连接模式 ❶　1　多路连接模式
参考 ❷	说明 只有当连接都断开后才能更改,如果开启过 server 需要重启模块

图 13.13　官方参考手册部分截图(三)

13.2.6　设置端口号

AT + CIPSERVER = 1,5050

该指令有两个参数,第一个参数 1,表示开启,第二个参数 5050 为端口号,可以自己修改,一般选择常用的值。如图 13.14 所示。

理论分析完以后,在实际中操作一下,根据刚才的 5 个步骤进行设置,设置成功都会显示"OK"。看下这几个实际操作,记得在完成 AT + CWMODE 指令后重启 Wi – Fi 模块。如图 13.15 和图 13.16 所示。

当发送 AT + RST 后,有一连串乱码,最后出现"ready",表示复位成功,如图 13.17 至图 3.19 所示。

5.2.7AT+ CIPSERVER 配置为服务器

AT+ CIPSERVER 配置为服务器	
设置指令 AT+ CIPSERVER= <mode>[,<port>]	响应 OK 关闭 server 需要重启
	参数说明 <mode>0　关闭 server 模式 　　　　 1　开启 server 模式 <port>端口号，缺省值为333

15/ 18　　　　　　　　　Espressif Systems　　　　　　　　　June 16, 2014

乐鑫信息科技
Espressif Systems

参考	说明
	开启 server 后自动建立 server 监听 当有 client 接入会自动按顺序占用一个连接 AT+ CIPMUX=1 时才能开启服务器

图 13.14　官方参考手册部分截图(四)

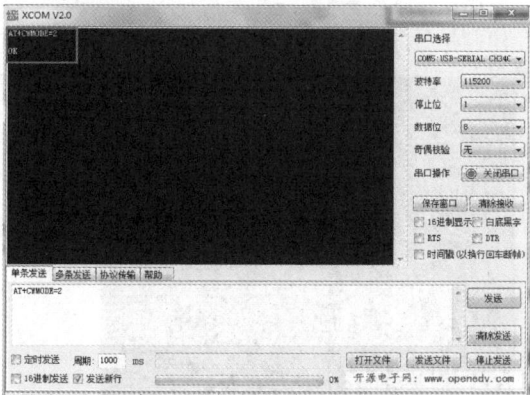

图 13.15　AT + CWMODE = 2 指令操作

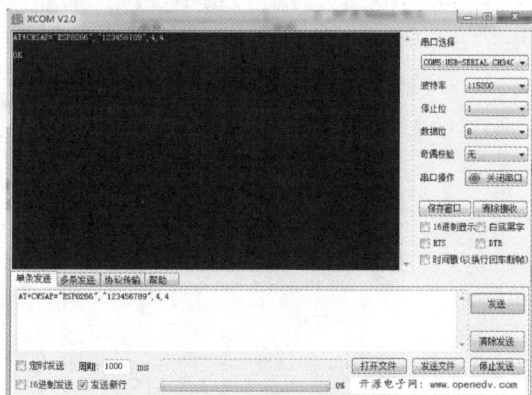

图 13.16　AT + CWSAP 指令操作

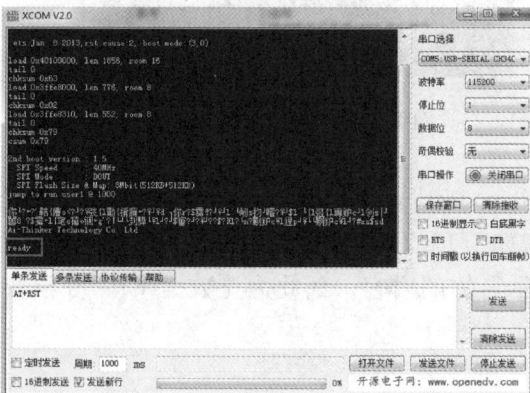

图 13.17　AT + RST 指令操作

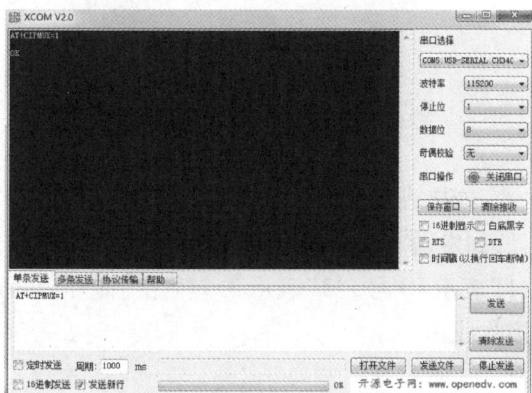

图 13.18　AT + CIPMUX 指令操作

设置完成后,由于作为类似路由器的功能,需要为其他设备提供链接地址,即 IP 地址。通过指令 AT + CIFSR 查询 IP 地址是多少,如图 13.20 所示,可以看到为:192.168.4.1。

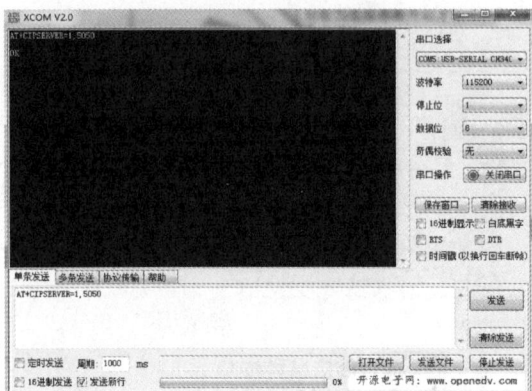

图 13.19　AT + CIPSERVER 指令操作

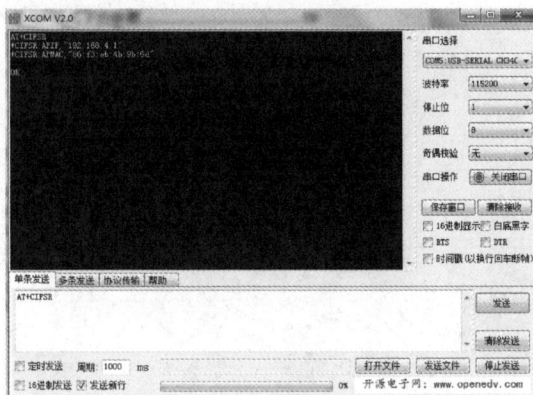

图 13.20　AT + CIFSR 操作指令

Wi - Fi 服务端操作完成后,接下来设置手机客户端,打开手机网络,选择"ESP8266"网络,如图 13.21 所示。打开手机 App,注意选择"tcp client",如图 13.22 所示,即客户端,输入 IP:192.168.4.1,端口:5050,点击"增加"。

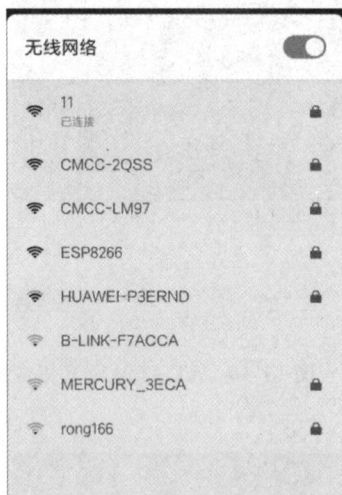

图 13.21　网络接连界面

图 13.22　app 界面(一)

连接成功,如图 13.23 所示,否则会出现"disconnect"。在手机 App 发送区任意发送信息,如发送"www",在串口助手上可以看到信息,如图 13.24 所示。其中 IPD 内容如下解释,"1"表示 ID 号,"3"表示 3 个字符,冒号后面表示具体的内容。到此为止数据 Wi - Fi 模块接收成功。

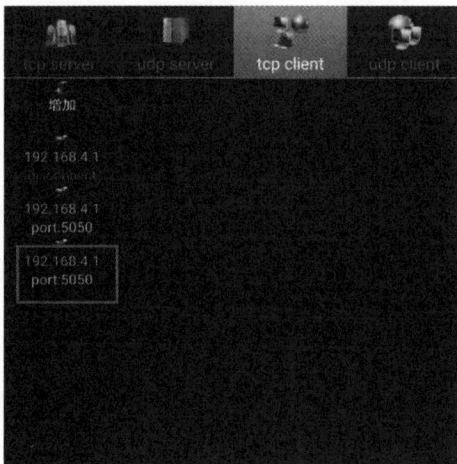

图 13.23　app 界面(二)

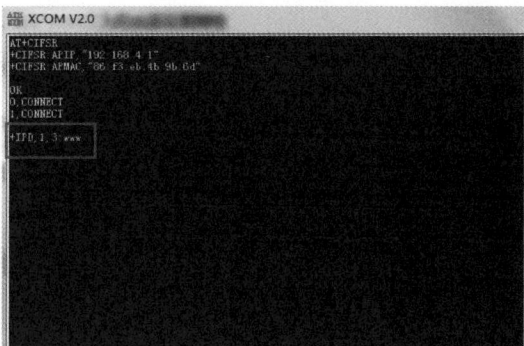

图 13.24　数据接收界面

【能力拓展】

13.3　思考与练习题

本项目中具体介绍了 ESP8266 01s 型号的 Wi‐Fi 模块,演示了固件烧录过程以及 AT 指令的操作过程,课外完成以下内容。

1. 查询并验证 AT 其他指令。

2. 查阅资料,使用 Lua 语言开发 ESP8266 01s。

【趣味小贴士】

> ESP8266 是在业界里像程碑一样的存在,其原因是:(1)价格低。ESP8266 的模组的市场价格为 12 元左右,相较同类产品便宜近一半,非常具有市场竞争力。(2)高性能。一般而言,Wi‐Fi 的传输距离多在 100 m 左右,德国的 AReResearch 的测试视频(Youtube),选用的是 NodeMCU(核心是 ESP8266 模组)开发板,测试结果:空旷 300 m 以内可以保持可靠的连接,超过 400 m 时才会丢失信号! (3)开发环境友好。ESP8266 SKD 的开发环境有很多,开发环境 ESP8266 IDE2.0,后续 Arduino IDE 也支持 ESP8266,不像 51 单片机还需要搭建工程,使其程序开发门槛大幅度降低。

第 14 章　Proteus 仿真软件应用

有读者在学习单片机过程中可能会碰到没有单片机的尴尬,或者说身边正好没有单片机,很多实验没法得到验证,这时候可以试试 Proteus 软件进行仿真实验。既然有那么好的软件为什么一开始不用呢,而是放到了末章。这是因为作者提倡在学习中希望大家能用单片机实物进行开发,因为在某些情况下发现仿真没有问题而在实物中出现了种种问题,但是作为入门还是不错的……

【教学导航】

教	知识重点	1. Proteus 软件的安装; 2. 软件界面操作使用
	知识难点	1. Proteus 软件界面的认识; 2.51 单片机最小系统的构成
	推荐教学方法	采用现场操作方式,首先通过一步步安装软件打消学生畏惧的心理,新建完工程后介绍页面工作区,以用到什么介绍的原则,以最小单片机系统为例搭建工程,搭建完成后编写简单的点亮 LED 程序,烧录程序观察实验现象
	思政教学	勇于尝试的精神
	建议学时	4~5 课时
学	推荐学习方法	课前查阅 Proteus 软件相关资料,掌握该软件该有的功能,掌握 51 单片机最小工作系统构成,在 Proteus 工作区完成平台搭建
	需掌握理论知识	1. Proteus 软件的安装和使用; 2.51 单片机最小工作系统构成
	需掌握基本技能	1. 编写控制 LED 的程序; 2. Proteus 烧录软件的使用
	技能目标	安装和配置完成 Proteus 软件,会烧录 hex 文件

【基础知识】

14.1　相关知识点

14.1.1　Proteus 软件简介

Proteus 是由英国一家公司出版的 EDA 工具,大多数人对该软件的印象目前还停留在单片机仿真阶段,其实到目前为止,这款软件可以从原理图布图、代码调试到单片机与外围电路协同仿真,一键切换到 PCB 设计,真正实现了从概念到产品的完整设计,也是迄今为止是唯一一款可以将电路仿真软件、PCB 设计软件和虚拟模型仿真软件三合一的设计软件,该软件支持8051、AVR、ARM、8086 和 MSP430 等单片机。在编译方面,该软件不仅可以支持常见的 Keil,也支持 IAR、MATLAB 等多种编译软件。除此之外,Proteus 提供丰富的外围接口器件及其仿真,例如数码管、LED、LCD、AD/DA、部分 SPI 器件、部分 IIC 器件,还提供丰富的虚拟仪器,例如波器、逻辑分析仪、信号发生器,利用虚拟仪器在仿真过程中可以测量外围电路的特性,培养学生实际硬件的调试能力。

在本书中,考虑到部分读者目前没有配套的单片机开发板,可以采用 Proteus 软件仿真学习,在有条件的情况下再进行单片机实物验证。

14.1.2　Proteus 软件安装

本书使用的是 Proteus 8.9 SP0 版本,安装较为简单,按提示操作即可,目前 Proteus 没有免费版本,大家使用需购买正版。安装完成后如图 14.1 所示。

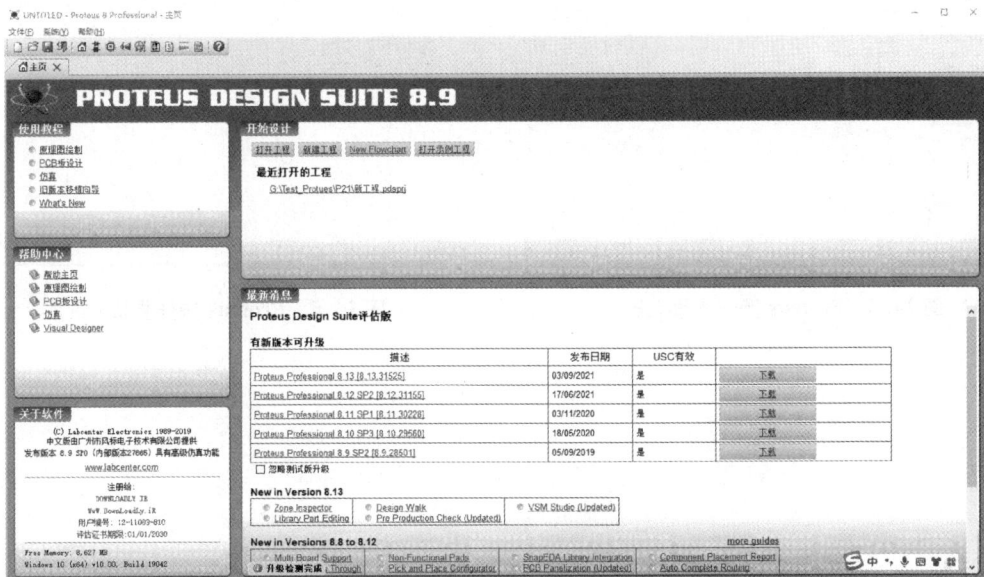

图 14.1　Proteus 安装完成后的界面

14.1.3　Proteus 界面介绍

先新建一个文件夹,例如命名为 firstProteus,用于存放生成的 Proteus 文件。打开Proteus 软件,"文件"→"新建工程",出现如图 14.2 提示,根据实际情况修改①②处内容。

下一步,如图 14.3 至图 14.6 所示,默认操作即可。

最终出现如图 14.7 的操作界面,菜单栏、工具栏和工作区不做具体介绍,先介绍下预览窗口。

图 14.2　Proteus 操作界面(一)

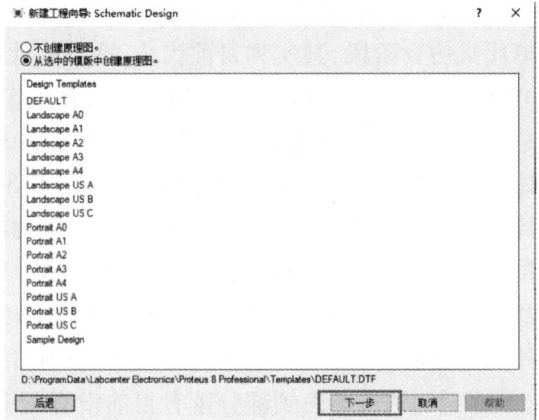

图 14.3　Proteus 操作界面(二)

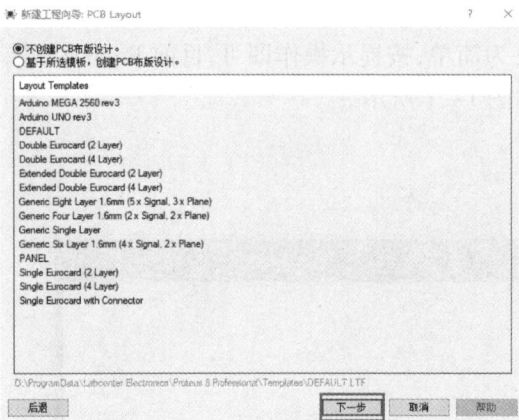

图 14.4　Proteus 操作界面(三)

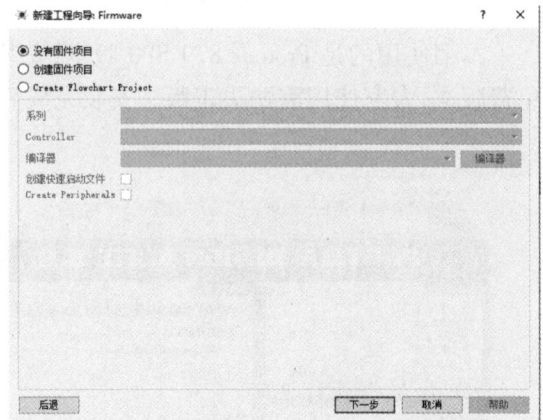

图 14.5　Proteus 操作界面(四)

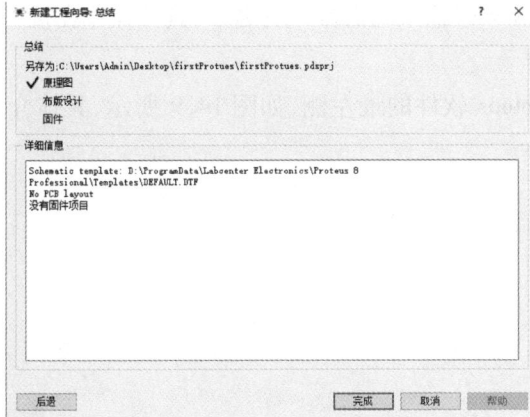

图 14.6 Proteus 操作界面(五)

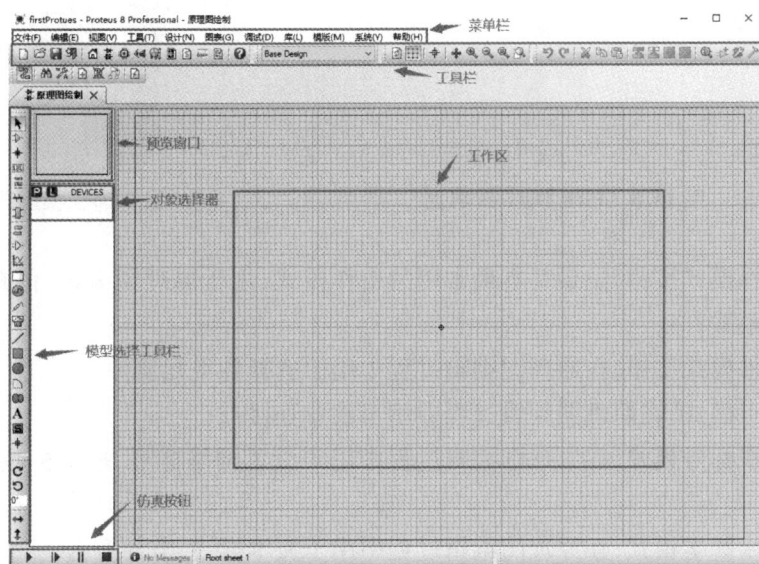

图 14.7 Proteus 操作界面(六)

1. 预览窗口

预览窗口第一个作用是显示选择的元器件,从该窗口能看到选择的器件预览图。除此之外,当我们在工作区操作编辑原理图时,预览窗口显示整张原理图的缩略图,并会显示一个绿色的方框,方框里的内容就是当前原理图编辑窗口中显示的内容。但原理图编辑窗口没有滚动条,可以通过改变绿色方框的位置来调整原理图的可视范围。怎么改变呢? 在操作工作区中的原理图后,鼠标第一次单击预览窗口,绿色方框会随鼠标移动,移动到合适位置时第二次左击鼠标,绿色方框脱离鼠标固定下来,通过这样的方式调整了原理图的可视范围。

2. 对象选择器

在仿真过程中需要添加各类单片机、元器件、测试类仪表、信号发生器等对象,这时可以点击"对象选择器"中的"P",为了方便记忆,"P"即为"place"放置的意思,此时会出现如图 14.8

对话框,在左上角的"Keywords"输入所需器件的名字,具体操作在接下去内容中介绍。

3. 模型选择工具栏

模型工具栏位于 Proteus 软件的最左侧,如图 14.9 所示,具体介绍常用的 8 个按钮。

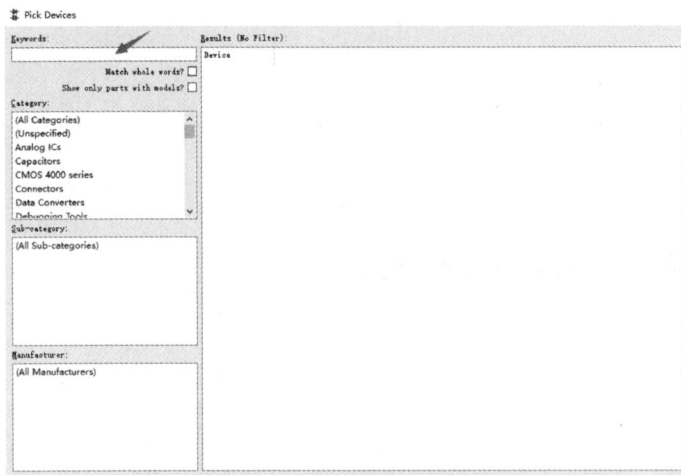

图 14.8　Pick Devices 界面

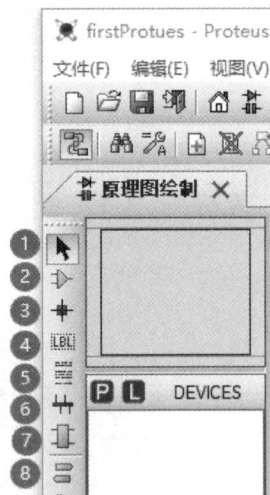

图 14.9　模型选择工具栏

①处是选择模式按钮,是最基本最常用的工作模式,用于原理图编辑、仿真过程中元器件选择等操作模式;

②处是元件模式按钮,在原理图编辑过程中用于选择各类元器件;

③处是节点模式,在原理图编辑过程中用于放置连接点;

④处是连线标号模式,在原理图编辑过程中用于设置网络标号、连接标签,在使用总线时经常用到;

⑤处是文字脚本模式,在原理图编辑过程中用于文本标注,方便查看;

⑥处是总线模式,在原理图编辑过程中用于设置总线;

⑦处是子电路模式,在原理图编辑过程中用于放置子电路;

⑧处是各类终端模式,在原理图编辑过程中用到如 VCC、GND、输入端口、输出端口等。

【应用演练】

14.2　Proteus 应用实例分析

14.2.1　第一个 Proteus 工程

在项目一中介绍了单片机学习板的组成,项目二中介绍了如何控制 LED 小灯,我们先用 Proteus 软件仿真实现点亮 LED。

在搭建电路仿真原理图中会用到表 14.1 中的器件。

表 14.1　元器件清单

元器件	关键词	参数
51 单片机 U1	AT89C51	—
电阻 $R1$、$R2$	res	10 kΩ,220 Ω
LED 小灯	Led – red	—
电容 $C1$、$C2$、$C3$	cap	20 pF、20 pF、10 μF
晶振	crystal	11.059 2 MHz

以使用 51 单片机为例,在对象选择器中点击"P",在"Keywords"中输入"AT89C51",如图 14.10 所示,默认选中,直接点击"确定"。

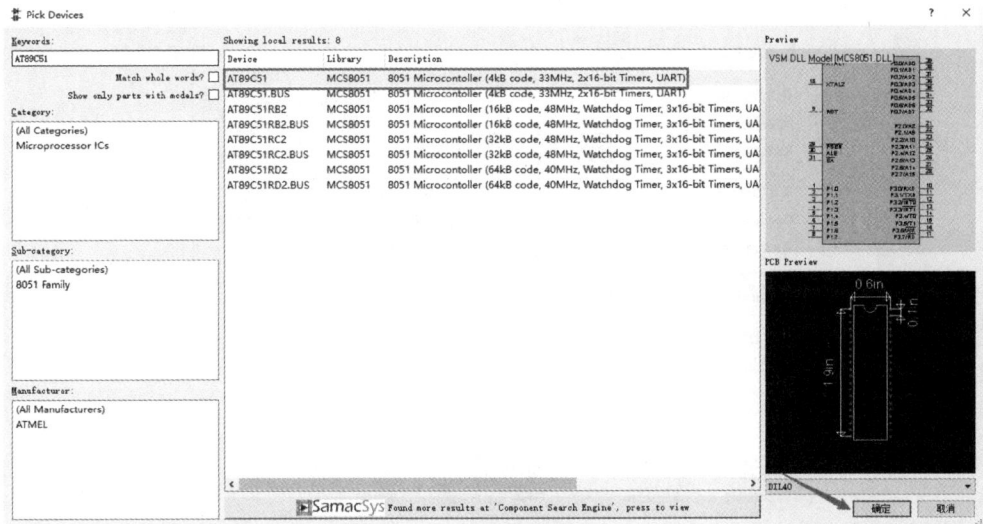

图 14.10　Pick Device 界面

在工作区点左键击一下,出现如图 14.11,再左键点击一下,出现如图 14.12 所示,即 51 单片机原理图。

在单片机原理图中需要修改一些参数,在元器件合适的位置双击,修改"Clock Frequency"参数,在项目一中提到过,单片机常用的晶振有(图 14.13)12 MHz 和 11.059 2 MHz,目前采用 11.059 2 MHz。

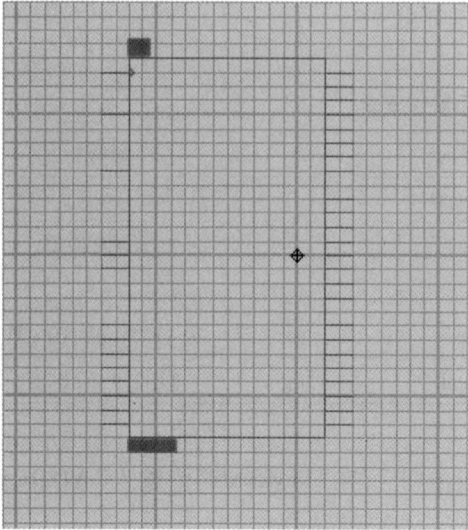

图 14.11   51 单片机原理图(一)

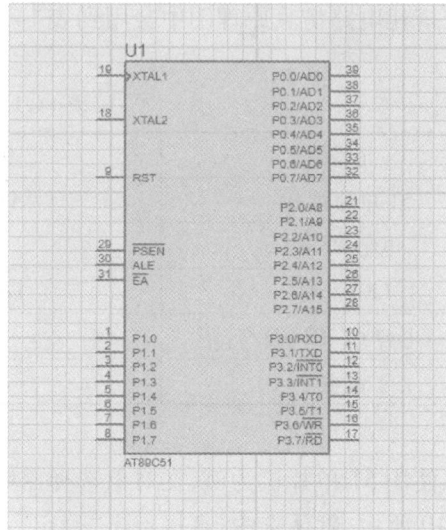

图 14.12   51 单片机原理图(二)

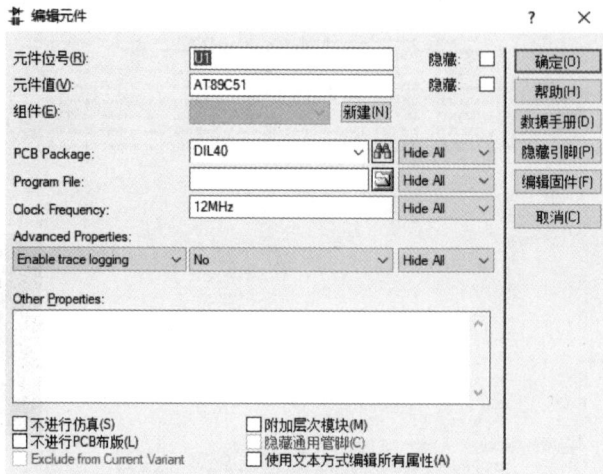

图 14.13   单片机参数修改界面

添加电阻。如图 14.14 所示,在①处"Keywords"中输入"res",选中②处的"RES",确定。这里大家可能有疑问,那么多型号怎么去选。做个简单说明,目前操作不需要关注过多参数,以电阻为例,主要关心阻值,至于功率、封装等参数暂时可忽略。但在这个操作过程中也没体现阻值大小,这是因为在后面的操作过程中可以直接修改阻值。

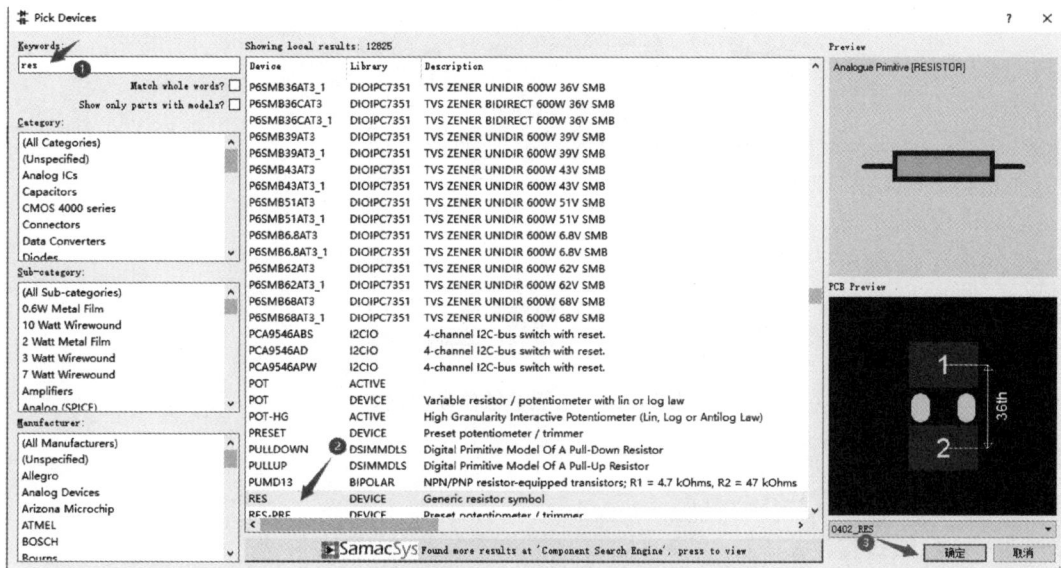

图 14.14　电阻选取界面

这样的话我们加载了 $R1$，如果还需要第二个电阻 $R2$（图 14.15），可以点击左侧栏中的"RES"，即可生成 $R2$，双击 $R2$。

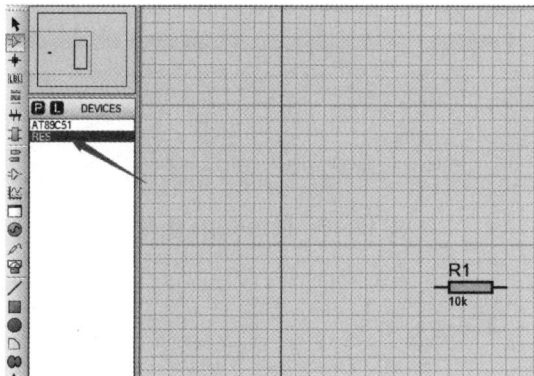

图 14.15　添加第二个电阻操作

在编辑元件这个对话框里，可以修改阻值（图 14.16），同时也能修改其他参数，如封装、模型类型等。$R2$ 将用于 LED 串联分压，暂时设定 220 Ω。

添加 LED 小灯。如图 14.17 所示，根据①②③步骤操作。

添加电容 $C1$、$C2$、$C3$。先添加 $C1$、$C2$，用于晶振，操作如图 14.18 所示。

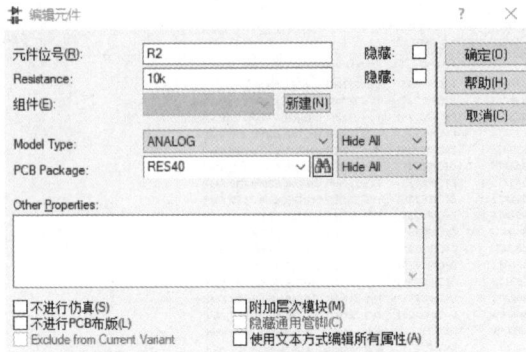

图 14.16　电阻参数修改界面

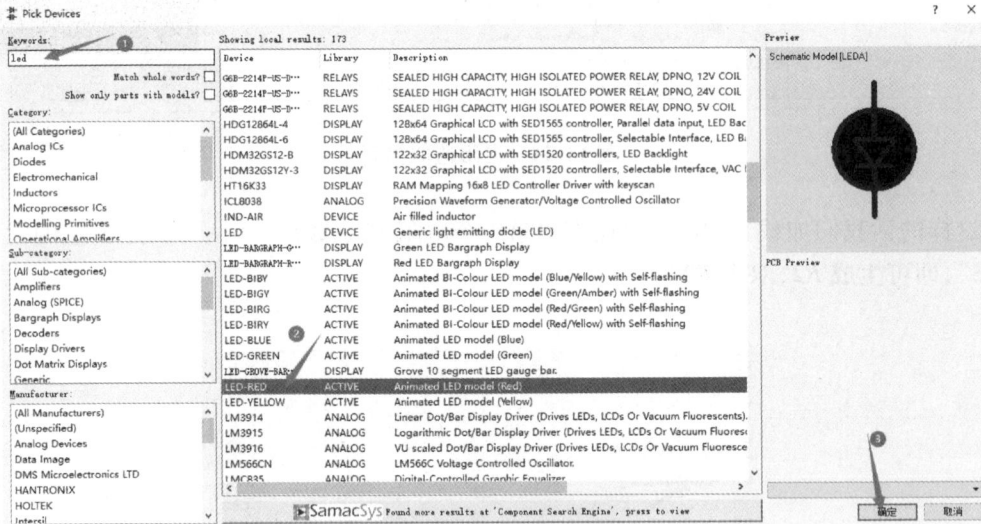

图 14.17　添加 LED 操作

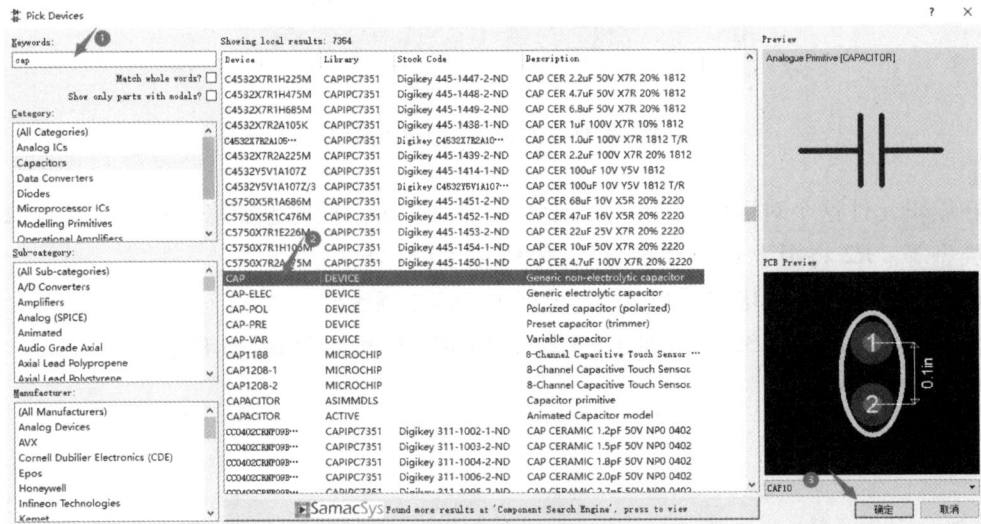

图 14.18　添加非极性电容操作

修改容值为 20 pF，该电容为非极性电容。C3 为极性电容，用于复位电路。C3 添加如图 14.19 所示，添加完成后修改值为 10 μF。

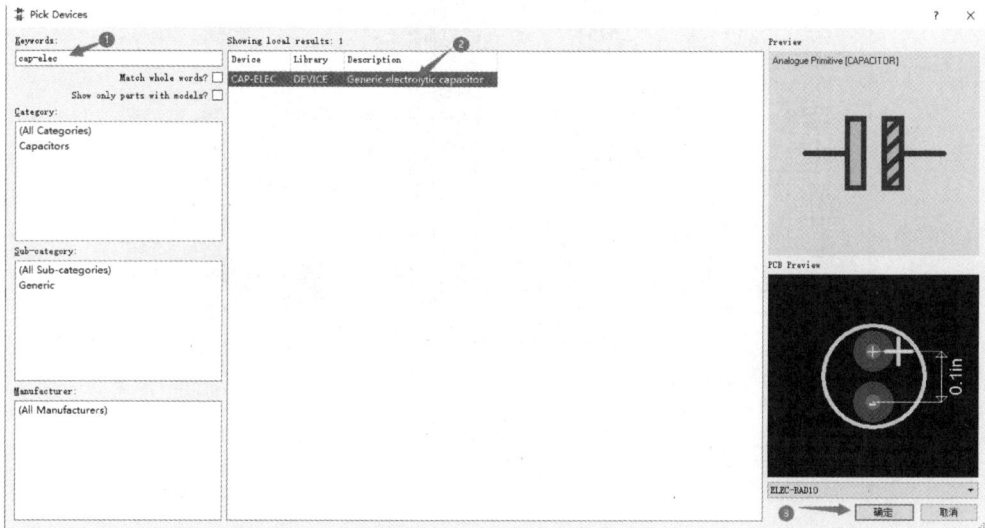

图 14.19 添加极性电容操作

添加晶振，如图 14.20 所示，添加完成后修改值为 11.059 2 MHz。

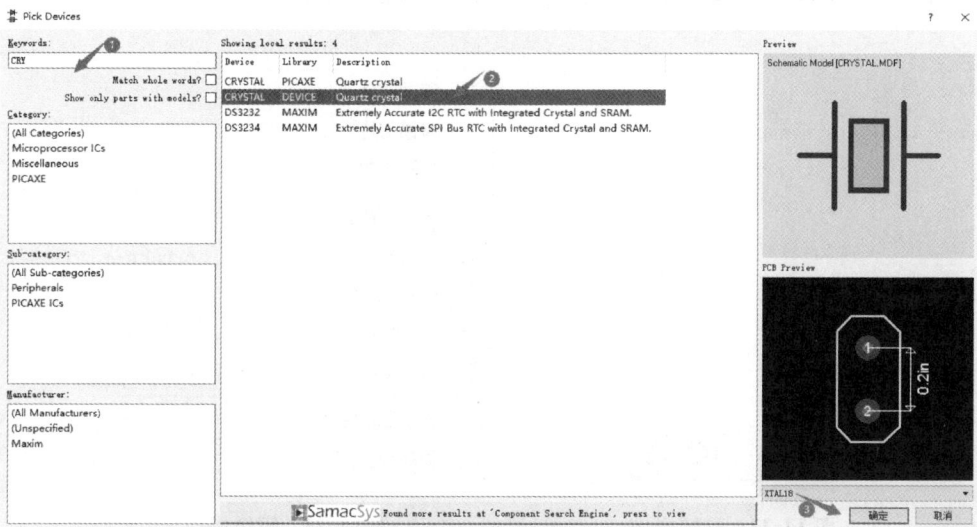

图 14.20 添加晶振操作

最后将各个元器件如图 14.21 连接，完成操作。

在操作过程中有一些常用的技巧分享下。

（1）元器件转动，有三种方式，第一种，选中元器件按小键盘上的"＋"，顺时针旋转，按键盘上的"－"，顺时针旋转，这也是最常用的方式。第二种，在左侧栏中找到如图 14.22 中的按键。第三种,选中元器件,右键,按照提示旋转操作。

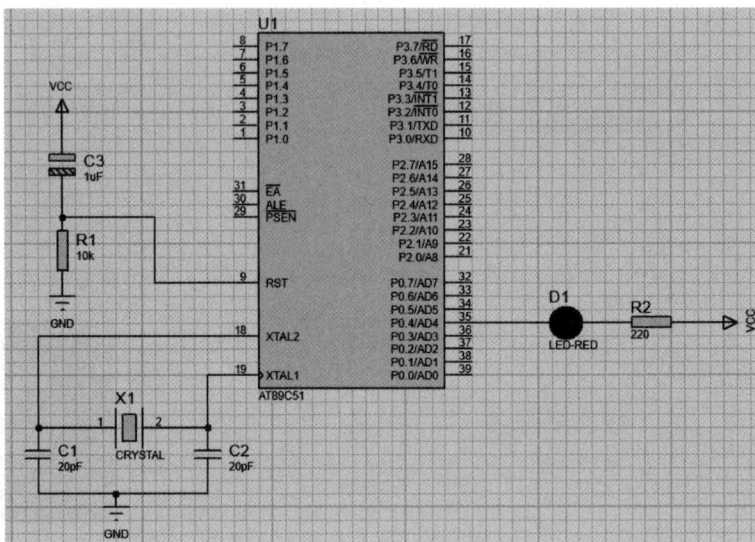

图 14.21　系统图

（2）细心的朋友可能发现单片机之前的 XTAL1 和 XTAL2 引脚是在单片机左上角,图 14.21 中该引脚处于左下角,这是因为对该单片机进行了镜像操作。先选中单片机,右键,选择"Y 轴镜像",如图 14.23 所示。这步操作根据实际情况选择。

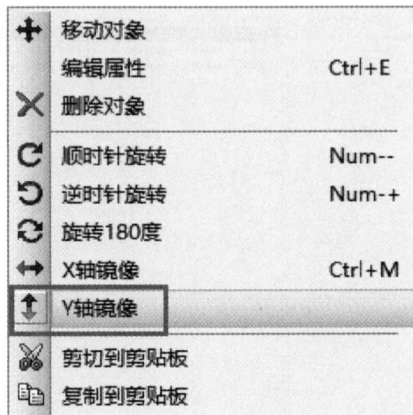

图 14.22　旋转操作　　　　　图 14.23　镜像操作

（3）在画原理图过程中涉及了电源和地。在本章中提到过,在终端模式选择,如图 14.24 所示。

以"POWER"为例,双击①处,出现"编辑终端标签",在②处字符串选择"VCC"完成操作,如图 14.25 所示。

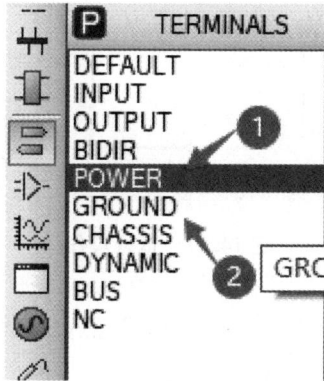

图 14.24　终端模式选择

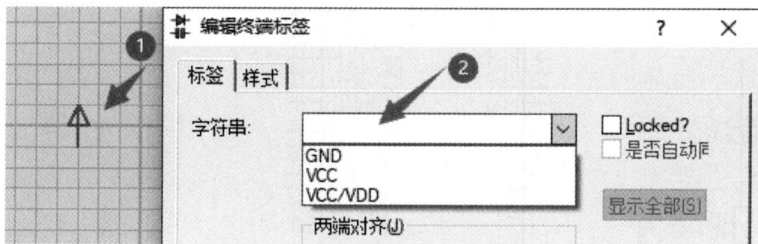

图 14.25　"编辑终端标签"操作

（4）图 14.21 中 LED 正极接 VCC，负极接 P0^4，这与第 2 章中的 2.1.3 小节对应起来。在这原理图中还需要注意的是 C3，该极性电容有斜线的一端为负极！

所有准备工作完成后，将程序烧录到仿真软件中。双击单片机，在弹出对话框中的"Program File"中加载 hex 文件（图 14.26）。

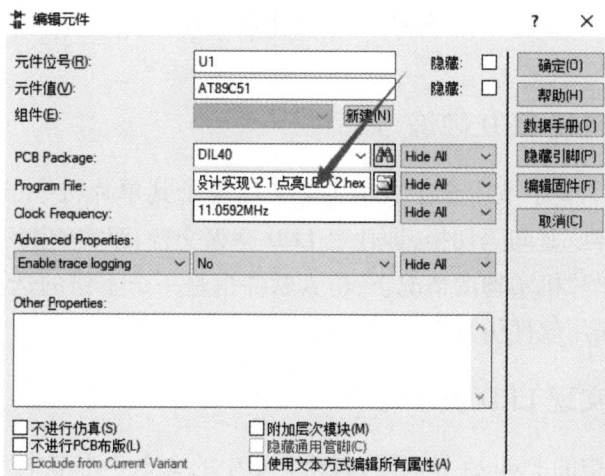

图 14.26　hex 文件加载

点击"运行"，运行软件，如图 14.27 操作。

图 14.27 运行操作

到此为止,LED 点亮。观察图 14.28 中 LED,点亮。图中还出现了红色点和蓝色点。其中红色点表示高电平,蓝色点表示低电平。

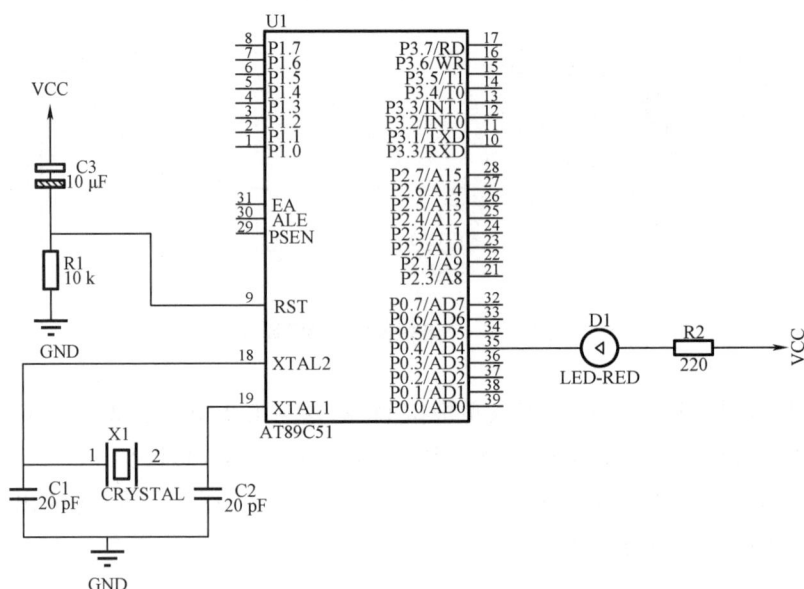

图 14.28 单片机运行图

14.2.2 仿真实现 LED 闪烁

将第 2 章中的 2.3.2 小节中个生成的 hex 文件烧录到单片机中,运行观察实验现象,LED 负极处点的颜色红、蓝间隔切换,即代表 LED 亮灭交替,跟实物演示效果一样。从这个实例中发现,在没有单片机实物的情况下,仿真软件也是一个不错的选择,特别是单片机中器件受限的情况下,采用软件仿真查看实验效果。

14.2.3 仿真实现 LED 流水灯

完成如图 14.29 中的 Protues 界面图,将第 2 章中的 2.3.3 小节中个生成的 hex 文件烧录到单片机中,运行观察实验现象。关于 Protues 介绍到此为止,在条件允许的前提下还是希望读者能进行实物测试。

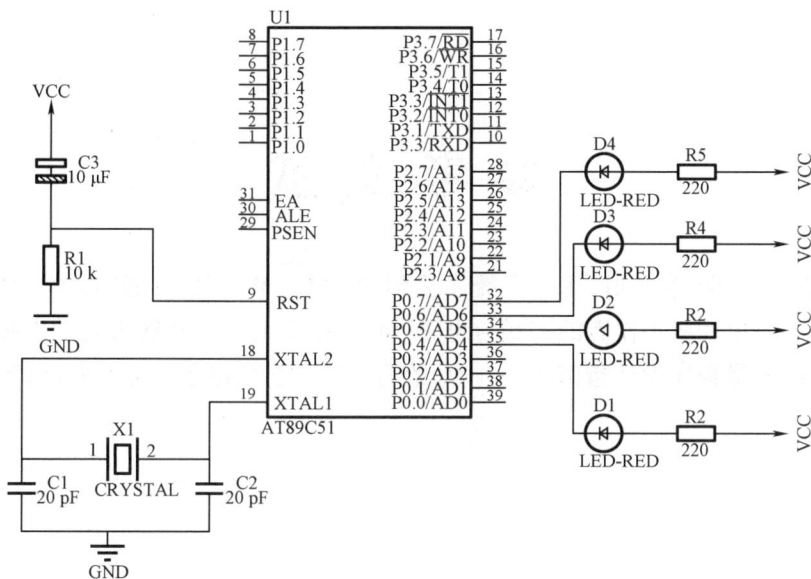

图 14.29　单片机运行图

【能力拓展】

14.3　思考与练习题

本章项目对 Proteus 软件做了简单介绍并进行了安装,具体应用结合以后的实例再展开。

详细阐述了数码管的工作原理及应用方法,用定时方式来进行倒计时;结合按键功能简单控制数码管显示,做到各个知识点的巧妙融合。

1. 动手完成软件的安装及新工程的建立。

2. 比较 Proteus 软件仿真和单片机实物操作的优缺点。

【趣味小贴士】

Proteus 软件是英国 Lab Center Electronics 公司出版的 EDA 工具软件。它不仅具有其他 EDA 工具软件的仿真功能,还能仿真单片机及外围器件。在国内已受到单片机爱好者、从事单片机教学的教师、致力于单片机开发应用的科技工作者的青睐。2010 年又增加了 Cortex 和 DSP 系列处理器,并持续增加其他系列处理器模型。在编译方面,它也支持 IAR、Keil 和 MATLAB 等多种编译器。可以这么说 Proteus 发展越来越好,让我们拭目以待。

参 考 文 献

［1］ 宋雪松,李冬明,崔长胜.手把手教你学 51 单片机[M].北京:清华大学出版社,2014.

［2］ 张俊.一个单片机工作者的实践与思考[M].北京:北京航空航天大学出版社,2014.

［3］ 林锐.高质量程序设计指南:C＋＋/C 语言[M].北京:电子工业出版社,2002.